"十四五"时期国家重点出版物出版专项规划项目
大宗工业固体废弃物制备绿色建材技术研究丛书（第二辑）

地质聚合物混凝土的流变学

张大旺　王栋民 ◎ 编著

中国建材工业出版社
北　京

图书在版编目（CIP）数据

地质聚合物混凝土的流变学/张大旺，王栋民编著. --北京：中国建材工业出版社，2024.8

（大宗工业固体废弃物制备绿色建材技术研究丛书/王栋民主编. 第二辑）

ISBN 978-7-5160-4102-4

Ⅰ.①地… Ⅱ.①张…②王… Ⅲ.①固体废物利用－流变学－研究 Ⅳ.①X705

中国国家版本馆CIP数据核字（2024）第061392号

地质聚合物混凝土的流变学
DIZHI JUHEWU HUNNINGTU DE LIUBIANXUE
张大旺 王栋民 编著

出版发行：中国建材工业出版社
地　　址：北京市西城区白纸坊东街2号院6号楼
邮　　编：100054
经　　销：全国各地新华书店
印　　刷：北京印刷集团有限责任公司
开　　本：787mm×1092mm　1/16
印　　张：8.5
字　　数：140千字
版　　次：2024年8月第1版
印　　次：2024年8月第1次
定　　价：48.00元

本社网址：www.jccbs.com，微信公众号：zgjcgycbs
请选用正版图书，采购、销售盗版图书属违法行为
版权专有，盗版必究。本社法律顾问：北京天驰君泰律师事务所，张杰律师
举报信箱：zhangjie@tiantailaw.com　举报电话：(010)63567684
本书如有印装质量问题，由我社事业发展中心负责调换，联系电话：(010)63567692

《大宗工业固体废弃物制备绿色建材技术研究丛书》(第二辑)编委会

顾　　问： 缪昌文院士　张联盟院士　彭苏萍院士
何满潮院士　欧阳世翕教授　晋占平教授
姜德生院士　刘加平院士　武　强院士
邢　锋院士

主　　任： 王栋民　教授

副 主 任：（按姓氏笔画排序）
王发洲　史才军　刘　泽　李　辉　李会泉
张亚梅　崔源声　蒋正武　潘智生

编　　委：（按姓氏笔画排序）
王　强　王振波　王爱勤　韦江雄　卢忠远
叶家元　刘来宝　刘晓明　刘娟红　闫振甲
李　军　李保亮　杨三强　肖建庄　沈卫国
张大旺　张云升　张文生　张作泰　张增起
陈　伟　卓锦德　段鹏选　侯新凯　钱觉时
郭晓潞　黄天勇　崔宏志　彭团儿　董必钦
韩　涛　韩方晖　楼紫阳

院士推荐
RECOMMENDATION

  我国有着优良的利废传统，早在中华人民共和国成立初期，聪明的国人就利用钢厂、玻璃厂、陶瓷厂等工业炉窑排放的烟道飞灰，替代一部分水泥生产混凝土。随着我国经济的高速发展，社会生活水平不断提高以及工业化进程逐渐加快，工业固体废弃物呈现了迅速增加的趋势，给环境和人类健康带来危害。我国政府工作报告曾提出，要加强固体废弃物和城市生活垃圾分类处置，促进减量化、无害化、资源化，这是国家对技术研究和工业生产领域提出的时代新要求。

  中国建材工业出版社利用其专业优势和作者资源，组织国内固废利用领域学术团队编写《大宗工业固体废弃物制备绿色建材技术研究丛书》（第二辑），阐述如何利用钢渣、循环流化床燃煤灰渣、废弃石材等大宗工业固体废弃物，制备胶凝材料、混凝土掺和料、道路工程材料等建筑材料，推进资源节约，保护环境，符合国家可持续发展战略，是国内材料研究领域少有的引领性学术研究类丛书，希望这套丛书的出版可以得到国家的关注和支持。

中国工程院 姜德生院士

院士推荐
RECOMMENDATION

我国是人口大国,近年来基础设施建设发展快速,对胶凝材料、混凝土等各类建材的需求量巨大,天然砂石、天然石膏等自然资源因不断消耗而面临短缺,能部分替代自然资源的工业固体废弃物日益受到关注,某些区域工业废弃物甚至出现供不应求的现象。

中央全面深化改革委员会曾审议通过《"无废城市"建设试点工作方案》,这是党中央、国务院为打好污染防治攻坚战做出的重大改革部署。我国学术界有必要在固体废弃物资源化利用领域开展深入研究,并促进成果转化。但固体废弃物资源化是一个系统工程,涉及多种学科,受区域、政策等多重因素影响,需要依托社会各界的协同合作才能稳步前进。

中国建材工业出版社组织相关领域权威专家学者编写《大宗工业固体废弃物制备绿色建材技术研究丛书》(第二辑),讲述用固废作为原材料,加工制备绿色建筑材料的技术、工艺与产业化应用,有利于加速解决我国资源短缺与垃圾"围城"之间的矛盾,是值得国家重视的学术创新成果。

中国科学院　何满潮院士

丛书前言
PREFACE TO THE SERIES

《大宗工业固体废弃物制备绿色建材技术研究丛书》(第一辑)自出版以来,在学术界、技术界和工程产业界都获得了很好的反响,在作者和读者群中建立了桥梁和纽带,也加强了学者与企业家之间的联系,促进了产学研的发展与进步。作为专著丛书中一本书的作者和整套丛书的策划者以及丛书编委会的主任委员,我激动而忐忑。丛书(第一辑)全部获得了国家出版基金的资助出版,在图书出版领域也是一个很高的荣誉。缪昌文院士和张联盟院士为丛书作序,对于内容和方向给予极大肯定和引领;众多院士和学者担任丛书顾问和编委,为丛书选题和品质提供保障。

"固废与生态材料"作为一个事情的两个端口经过长达10年的努力已经越来越多地成为更多人的共识,其中"大宗工业固废制备绿色建材"又绝对是其中的一个亮点。在丛书第一辑中,已就煤矸石、粉煤灰、建筑固废、尾矿、冶金渣在建材领域的各个方向的制备应用技术进行了专门的论述,这些论述进一步加深了人们对于物质科学的理解及对于地球资源循环转化规律的认识,为提升人们认识和改造世界提供新的思维方法和技术手段。

面对行业进一步高质量发展的需求以及作者和读者的一致呼唤,中国建材工业出版社联合中国硅酸盐学会固废与生态材料分会组织了《大宗工业固体废弃物制备绿色建材技术研究丛书》(第二辑),在第二辑即将出版之际,受出版社委托再为丛书写几句话,和读者交流一下,把第二辑的情况作个导引阅读。

第二辑共有7册,内容包括钢渣、矿渣、镍铁(锂)渣粉、循环流化床电厂燃煤灰渣等固废类别,产品类别包括地质聚合物、胶凝材料、泡沫混凝土、辅助性胶凝材料、管廊工程混凝土等。第二辑围绕上述大宗工业固体废弃物处置与资源化利用这一核心问题,在对其物相组成、结构特性、功能研究以及将其作为原材料制备节能环保建筑材料的研究开发及应用的基础上，编著成书。

中国科学院何满潮院士和中国工程院姜德生院士为丛书（第二辑）选题进行积极评价和推荐，为丛书增加了光彩；丛书（第二辑）入选"'十四五'时期国家重点出版物出版专项规划项目"。

固废是物质循环过程的一个阶段，是材料科学体系的重要一环；固废是复杂的，是多元的，是极富挑战的。认识固废、研究固废、加工利用固废，推动固废资源进一步转化和利用，是材料工作者神圣而光荣的使命与责任，让我们携起手来为固废向绿色建材更好转化做出我们更好的创新型贡献！

王栋民

中国硅酸盐学会　常务理事
中国硅酸盐学会固废与生态材料分会　理事长
中国矿业大学（北京）　教授、博导

院士推荐
（第一辑）
RECOMMENDATION

大宗工业固体废弃物产生量远大于生活垃圾，是我国固体废弃物管理的重要对象。随着我国经济高速发展，社会生活水平不断提高以及工业化进程逐渐加快，大宗工业固体废弃物呈现了迅速增加的趋势。工业固体废弃物的污染具有隐蔽性、滞后性和持续性，给环境和人类健康带来巨大危害。对工业固体废弃物的妥善处置和综合利用已成为我国经济社会发展不可回避的重要环境问题之一。当然，随着科技的进步，我国大宗工业固体废弃物的综合利用量不断增加，综合利用和循环再生已成为工业固体废弃物的大势所趋，但近年来其综合利用率提升较慢，大宗工业固体废弃物仍有较大的综合利用潜力。

我国"十三五"规划纲要明确提出，牢固树立和贯彻落实创新、协调、绿色、开放、共享的新发展理念，坚持节约资源和保护环境的基本国策，推进资源节约集约利用，做好工业固体废弃物等大宗废弃物资源化利用。中国建材工业出版社协同中国硅酸盐学会固废与生态材料分会组织相关领域权威专家学者撰写《大宗工业固体废弃物制备绿色建材技术研究丛书》，阐述如何利用煤矸石、粉煤灰、冶金渣、尾矿、建筑废弃物等大宗固体废弃物来制备建筑材料的技术创新成果，适逢其时，很有价值。

本套丛书反映了建筑材料行业引领性研究的技术成果，符合国家绿色发展战略。祝贺丛书第一辑获得国家出版基金的资助，也很荣幸为丛书作推荐。希望这套丛书的出版，为我国大宗工业固废的利用起到积极的推动作用，造福国家与人民。

中国工程院　缪昌文院士

院士推荐
（第一辑）

RECOMMENDATION

  习近平总书记多次强调，绿水青山就是金山银山。随着生态文明建设的深入推进和环保要求的不断提升，化废弃物为资源，变负担为财富，逐渐成为我国生态文明建设的迫切需求，绿色发展观念不断深入人心。

  建材工业是我国国民经济发展的支柱型基础产业之一，也是发展循环经济、开展资源综合利用的重点行业，对社会、经济和环境协调发展具有极其重要的作用。工业和信息化部发布的《建材工业发展规划（2016—2020年）》提出，要坚持绿色发展，加强节能减排和资源综合利用，大力发展循环经济、低碳经济，全面推进清洁生产，开发推广绿色建材，促进建材工业向绿色功能产业转变。

  大宗工业固体废弃物产生量大，污染环境，影响生态发展，但也有良好的资源化再利用前景。中国建材工业出版社利用其专业优势，与中国硅酸盐学会固废与生态材料分会携手合作，在业内组织权威专家学者撰写了《大宗工业固体废弃物制备绿色建材技术研究丛书》。丛书第一辑阐述如何利用粉煤灰、煤矸石、尾矿、冶金渣及建筑废弃物等大宗工业固体废弃物制备路基材料、胶凝材料、砂石、墙体及保温材料等建材，变废为宝，节能低碳；第二辑介绍如何利用钢渣、矿渣、镍铁（锂）渣粉、循环流化床电厂燃煤灰渣等制备建筑材料的相关技术。丛书第一辑得到了国家出版基金资助，在此表示祝贺。

  这套丛书的出版，对于推动我国建材工业的绿色发展、促进循环经济运行、快速构建可持续的生产方式具有重大意义，将在构建美丽中国的进程中发挥重要作用。

中国工程院 张联盟院士

丛书前言
（第一辑）
PREFACE TO THE SERIES

中国建材工业出版社联合中国硅酸盐学会固废与生态材料分会组织国内该领域专家撰写《大宗工业固体废弃物制备绿色建材技术研究丛书》，旨在系统总结我国学者在本领域长期积累和深入研究的成果，希望行业中人通过阅读这套丛书而对大宗工业固废建立全面的认识，从而促进采用大宗固废制备绿色建材整体化解决方案的形成。

固废与建材是两个独立的领域，但是却有着天然的、潜在的联系。首先，在数量级上有对等的关系：我国每年的固废排出量都在百亿吨级，而我国建材的生产消耗量也在百亿吨级；其次，在成分和功能上有对等的性能，其中无机组分可以谋求作替代原料，有机组分可以考虑作替代燃料；第三，制备绿色建筑材料已经被认为是固废特别是大宗工业固废利用最主要的方向和出路。

吴中伟院士是混凝土材料科学的开拓者和学术泰斗，被称为"混凝土材料科学一代宗师"。他在二十几年前提出的"水泥混凝土可持续发展"的理论，为我国水泥混凝土行业的发展指明了方向，也得到了国际上的广泛认可。现在的固废资源化利用，也是这一思想的延伸与发展，符合可持续发展理论，是环保、资源、材料的协同解决方案。水泥混凝土可持续发展的主要特点是少用天然材料、多用二次材料（固废材料）；固废资源化利用不能仅仅局限在水泥、混凝土材料行业，还需要着眼于矿井回填、生态修复等领域，它们都是一脉相承、不可分割的。可持续发展是人类社会至关重要的主题，固废资源化利用是功在当代、造福后人的千年大计。

2015年后，固废处理越来越受到重视，尤其是在党的十九大报告中，在论述生态文明建设时，特别强调了"加强固体废弃物和垃圾处置"。我国也先后提出"城市矿产""无废城市"等概念，着力打造

"无废城市"。"无废城市"并不是没有固体废弃物产生,也不意味着固体废弃物能完全资源化利用,而是一种先进的城市管理理念,旨在最终实现整个城市固体废弃物产生量最小、资源化利用充分、处置安全的目标,需要长期探索与实践。

这套丛书特色鲜明,聚焦大宗固废制备绿色建材主题。第一辑涉猎煤矸石、粉煤灰、建筑固废、冶金渣、尾矿等固废及其在水泥和混凝土材料、路基材料、地质聚合物、矿井充填材料等方面的研究与应用。作者们在书中针对煤电固废、冶金渣、建筑固废和矿业固废在制备绿色建材中的原理、配方、技术、生产工艺、应用技术、典型工程案例等方面都进行了详细阐述,对行业中人的教学、科研、生产和应用具有重要和积极的参考价值。

这套丛书的编撰工作得到缪昌文院士、张联盟院士、彭苏萍院士、何满潮院士、欧阳世翕教授和晋占平教授等专家的大力支持,缪昌文院士和张联盟院士还专门为丛书做推荐,在此向以上专家表示衷心的感谢。丛书的编撰更是得到了国内一线科研工作者的大力支持,也向他们表示感谢。

《大宗工业固体废弃物制备绿色建材技术研究丛书》(第一辑)在出版之初即获得了国家出版基金的资助,这是一种荣誉,也是一个鞭策,促进我们的工作再接再厉,严格把关,出好每一本书,为行业服务。

我们的理想和奋斗目标是:让世间无废,让中国更美!

王栋民

中国硅酸盐学会　常务理事
中国硅酸盐学会固废与生态材料分会　理事长
中国矿业大学(北京)　教授、博导

前言
PREFACE

21世纪以来，能源与环境危机频发，"环保节能""可持续发展"以及"工业固体废弃物再利用"等绿色发展理念已深刻影响全球发展的大趋势。然而，作为全球经济重要的工业基础、国家生存和发展的物质保障，水泥行业近年来得到了实质性的发展。全球水泥产量已由1970年的5亿吨涨到了2020年的41亿吨，水泥行业也成为我国国民经济发展的重要基础产业之一。水泥广泛应用于土木、国防、水利等工程，对提升人民生活水平、促进国家经济发展和国防安全起到了至关重要的作用。但水泥行业高能耗、高排放的特征也使其成为增加碳排放的主要行业。因此，低能耗、高环保建筑材料的研发，已成为全球绿色新型建筑材料研究工作的重点之一。

地质聚合物指以化学激发剂与活性硅铝酸盐为原料，通过化学激发作用形成的以硅氧四面体和铝氧四面体为骨架的三维网状硅铝酸盐矿物，又称为矿物聚合物、土壤聚合物等，具有等同于或高于波特兰水泥的性能。然而，地质聚合物混凝土新拌浆体存在黏度大、不易施工、浆体需水量高等问题，导致后期强度降低，无法满足现代混凝土的泵送需求，制约着地质聚合物混凝土商品化的发展进程。

为相关人员了解、掌握地质聚合物混凝土流变性的差异性、内在属性以及调控机制，本书对地质聚合物混凝土流变性做了全面、系统的介绍，主要包括地质聚合物是什么，地质聚合物新拌浆体的流变性，新拌浆体的微观结构，新拌浆体的黏弹性转变历程以及新拌浆体颗粒间的表面作用力，共5章内容。本书编写分工如下：王栋民编写第1章和第2章；张大旺编写第3章至第5章。全书由张大旺统稿，王栋民审阅。

由于编者水平有限，不足与谬误之处在所难免，希望广大读者批评指正。

编 者
2023年12月于西安

目 录
CONTENTS

1 地质聚合物的介绍 ··· 1
  1.1 地质聚合物的发展 ····································· 1
  1.2 地质聚合物发展的必然性 ································ 3
  1.3 地质聚合物化学 ······································ 7
  1.4 地质聚合物应用 ····································· 14
  1.5 总结 ··· 15
  参考文献 ··· 15

2 地质聚合物新拌浆体流变性 ································ 22
  2.1 流变学的发展 ······································· 22
  2.2 流变学的导论 ······································· 23
  2.3 混凝土新拌浆体流变学 ································ 30
  2.4 新拌浆体流变参数 ··································· 35
  2.5 总结 ··· 40
  参考文献 ··· 40

3 地质聚合物新拌浆体的微观结构 ··························· 47
  3.1 新拌浆体微结构的形成 ································ 47
  3.2 新拌浆体微结构的表征 ································ 49
  3.3 新拌浆体微结构的形貌与物理属性 ······················· 56
  3.4 新拌浆体微结构的影响因素 ···························· 58
  3.5 总结 ··· 64
  参考文献 ··· 64

4 新拌浆体的黏弹性转变历程 ······························· 68
  4.1 黏弹性 ·· 68
  4.2 黏弹性表征技术 ····································· 69

  4.3 地质聚合物新拌浆体黏弹性 ················· 73
  4.4 总结 ································ 84
  参考文献 ······························ 84

5 新拌浆体颗粒间表面作用力 ···················· 87
  5.1 非接触作用力——电荷作用力 ··············· 87
  5.2 接触性作用力——水合作用力 ··············· 93
  5.3 桥键作用力——聚合反应 ················· 99
  5.4 聚合反应产物 ························ 105
  5.5 总结 ································ 111
  参考文献 ······························ 111

1 地质聚合物的介绍

随着"碳达峰与碳中和"目标的提出，水泥行业作为我国碳排放量的排头兵已成为建筑行业乃至国家碳排放减量的重中之重。地质聚合物是以硅铝酸盐为原材料通过化学激发常温制备的一种低碳的绿色材料，为水泥行业实现节能减排的目标提供了一种可行性。因此，本章从节能减排的角度出发，简要概述地质聚合物的发展及其必然性等。

1.1 地质聚合物的发展

地质聚合物（geopolymer，也称为 mineral polymer，geopolymeric materials，aluminosilicate polymer 和 inorganic polymeric materials），由法国科学家和工程师 Davidovits[1]教授首次提出用于描述一类由硅铝酸盐粉末与化学激发剂反应合成的材料，其主要替代有机热固性聚合物的耐火材料应用于游轮防火涂料[2]、高温碳纤维复合树脂[3]、木结构的热防护层[4]、耐热黏合剂以及整体耐火材料[5]。然而，随着时间的推移，Wastiels[6]研究证明了碱激发粉煤灰制备可靠高性能地质聚合物的可行性，推动了地质聚合物的应用逐步扩展到建筑领域。

地质聚合物在建筑领域的使用可追溯到古埃及、古罗马、中东地区早期文明所属建筑的材料中，尤其是罗马帝国兴起之前的叙利亚和希腊建筑。Davidovits[7]结合地质聚合物与埃及金字塔材料的联系，推测埃及人可能通过地质聚合物的方式现场浇筑制备大型砌块。同时，Barsoum等[8-9]通过对金字塔石块样品进行详细的物化属性分析，发现金字塔石块中碱金属或铝含量并不高，但确实存在无定形二氧化硅和其他成分。与此同时，罗马砂浆中方沸石含量远高于未反应火山灰中方沸石的含量。上述结果表明，早期的罗马砂浆似乎主要通过含硅火山灰和/或煅烧黏土反应生成铝硅酸盐凝胶相从而提高性能，即改变原料的矿物组成可以提高耐久性。罗马砂浆矿物相也存在差异。古代的胶凝材料 Ca 含量更低并且富含碱 Si 和 Al[10-13]矿物相，这与后来地质聚合物的定义相似。罗马砂浆初始相经长期水化反应转化而形成的更稳定的沸石相，成为最早期的地质聚合物。

随着时间的推移，现代地质聚合物建筑材料是由 Purdon[14]于 1940

年首次采用非波特兰水泥的固体前驱体通过碱性激发剂合成而得，研究发现少量的 NaOH 在非波特兰水泥硬化过程中可起到催化作用，使水泥中硅铝酸盐易溶形成硅酸钠和偏铝酸钠，进一步与氢氧化钙反应形成水化硅、铝酸钙，使水泥硬化并重新生成 NaOH，催化下一轮反应，由此提出了"碱激发理论"。20 世纪 50 年代中期，为研发硅酸盐水泥的替代品，解决对硅酸盐水泥日益增加的需求问题。苏联科学家 V. D. Glukhovsky 基于对古罗马和埃及胶凝材料的研究结果提出了使用低碱性钙或无钙铝硅酸盐和含碱金属的溶液制备胶凝材料的可能性，称之为"土壤水泥"[15-16]。1960 年起，乌克兰基辅 Glukhovsky 研究所将"土壤水泥"初步应用于公共建筑、铁路、管道、灌溉渠道以及其他领域。除苏联外，欧洲的 Talling 和 Brandstetr 教授[17]在波兰从 20 世纪 70 年代起已将地质聚合物用于灌浆料、固化废物、枕木和其他预应力构件的领域[18-25]。在 20 世纪 80 年代和 90 年代初期，芬兰的 Škvára[26-29]团队对矿渣和粉煤灰的碱激发过程和耐久性方面的研究，为地质聚合物胶凝材料用于核废料的固化、混凝土以及特种耐火材料奠定了基础。Davidovits 研究表明，地质聚合物混凝土在标准养护 4h 后抗压强度可达 20MPa，低至 -2℃ 的温度 4h 抗压强度足以满足军事机场的建设要求[30]。如上所述，20 世纪 80 年代前，国内外学者着力于研究碱性激发剂和古代水泥的联系，旨在研究比波特兰水泥的耐久性更优异的材料，已在美国的 50 个工业设施、57 个美国军事设施以及其他 7 个国家得到了广泛应用，为地质聚合物的工程应用和科学研究奠定了坚实的基础[31-41]。随着地质聚合物技术的不断成熟，欧洲学者对水化矿渣微粉基固井系统的表征和热力学模型[42-47]、黏土的碱激发[48]、粉煤灰的碱激发胶凝材料和沸石形成等领域[49-50]以及火山岩的碱激发特性[51]等多方面进行了系统化的研究，为冶金工艺的副产品与廉价建筑材料相结合提供了强有力的驱动力。

近年来，地质聚合物的研究也激发了国内学者极大的研究热情，对其进行了系统和详细的研究，并取得了阶段性结果，尤其是碱激发矿渣制品"碱矿渣水泥"已在中国得到了市场化推广。史才军等[52]总结归纳了碱激发胶凝材料的相关研究进展，出版了关于碱激发水泥和混凝土的专著，其中详细介绍了碱激发胶凝材料的原材料及特征、碱激发矿渣胶凝材料的水化机理和微观结构、碱激发胶凝材料的力学性能和耐久性能等；杨南如[53]归纳了碱激发胶凝材料的特点，认为碱激发胶凝材料具有强度高、耐酸碱腐蚀、抗渗、抗冻性能好，不会导致碱-骨料反应。经过 1000 次冻融循环后，试块完整无损，胶凝材料的水化放热高、反应速度快，适用于冬季施工。与此同时，中国地质聚合物材料的发展受到两个非技术因素的影响：一方面受到全球化科学材料技术历史发展的影响，另一方面中国环境保护和混凝土胶凝材料的可持续发展对碱激发胶凝材料的发展也起着重要作用。新材料的可行性探索激发了大量学者的研究兴趣，也推动了地质聚合物材料的发展。然而，近年来快速发展工业生产所造成的环境问题得到了中国政府部门越来越多的重视和关注，其已成为驱动中国碱激发材料研究的最重要因素之一。随着工业的迅猛发展和制造业的飞速增长，工业固体废弃物因其潜在的火山灰活性为地质聚合物的发展提供了机遇，已成为中国地质聚合物的重要原材料。当前，中国除了对碱激发材料外加剂和基础化学领域的研究外，还对粉煤灰、高炉矿渣、磷渣、偏高岭土、红泥和煤矸石等固体废弃物进行了系统研究和探索。然而，为满足水泥行业的日益剧增的需求，固体废弃物（粉煤灰和矿渣微粉）往往作为矿物掺合料改善普通硅酸盐混凝土的各项性能，其中高炉矿渣作为矿物掺和料广泛应用于混凝土中，中国以及欧洲各国通常被认为是冶金副产品而非固体废弃物。尽管大约40%的粉煤灰、少量磷渣和石膏副产物已应用于建筑行业，但有大部分固体废弃物仍未得到有效的再利用。大量的固体废弃物积累为碱激发材料的制备提供基础，但目前尚未形成合适的固体废弃物处置方法和工业化生产工艺，因此对于碱激发材料的工业化研究任重而道远。

1.2 地质聚合物发展的必然性

作为全球经济重要基础工业、国家生存和发展的物质保障，水泥行业近年来得到了实质的发展，水泥的全球产量由1970年的5亿t涨到了2020年的41亿t。在我国，水泥行业成为了国民经济发展的重要基础产业之一，广泛用于建筑、国防、水利等工程，对于改善人民生活，促进国家经济发展和国防安全起到了至关重要的作用。然而，高速发展的水泥行业已然成为全球碳排放的主要行业之一，约占全球碳排放量的7%[54]，已远高于全球所有卡车的CO_2排放量，如图1-1所示。水泥已成为仅次于煤炭和石油的第三大CO_2排放量产业。然而，随着IEA（国际能源署）、CSI（世界水泥可持续发展促进会）以及WBSCD（世界可持续发展工商理事会）三家组织联合发表的《水泥行业低碳转型的技术路线图》中所提到的随着人口、现代化建设以及经济的发展，2050年水泥产量增幅将达到12%~23%，由此造成的直接CO_2增量幅度可达4%以上，对生态环境所造成的危害和破坏不言而喻。此外，《水泥行业低碳转型的技术路线图》还指出要实现到2100年将全球平均气温控制

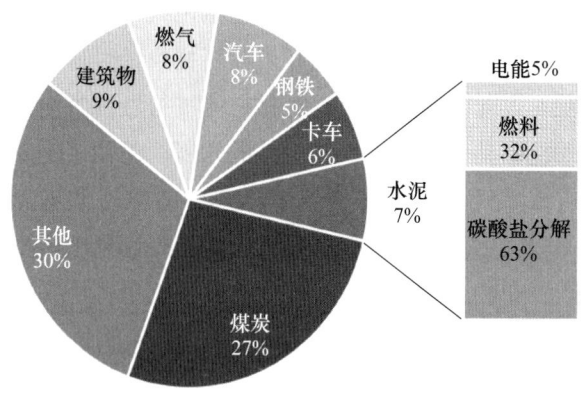

图 1-1　全球 CO_2 排放量分布情况[54]

到增长 2℃ 的目标，意味着水泥现阶段的直接 CO_2 排放量要降低 24%，其 CO_2 排放量将减少 1.7Gt，相当于全球工业直接 CO_2 排放量的 90%，但这期间水泥的产量依旧处于增长状态。在以上情况下，预测目标实现的可能性为 50%。希望国际组织呼吁各国政府要创造更为公平、有利的竞争环境，努力发展稳定、有效的国际碳定价机制。推广水泥生产技术变革，加强合作与技术交流。最后应提高水泥生产中可持续产品的应用，各国政府应加强相应标准与规范的制定，促进提高全球范围内对于应用可持续产品的意识。

水泥中主要包含的化学元素有 Ca、Si、Al 和 Fe，由用于水泥生产的主要原料提供，其中包括石灰石、黏土、铁粉、矿渣以及石膏的原料。经开采后的原材料进入到破碎工序，通常将原料破碎成小于 10cm 的碎石运输至水泥厂再以一定的比例混合通过传输设备输送到生料磨中进行下一步的粉磨，以生产出粉状物质的生料。经混合粉磨后的生料进入到水泥生产过程中的关键步骤熟料煅烧。在该过程中，通过燃烧大量燃料来为碳酸盐分解和熟料中矿物成分的形成提供能量。首先，生料通过提升链机被输送到预热器中，并在此与煅烧炉的烟气充分接触加热至 900℃ 以上。与此同时，碳酸盐分解成 CaO、MgO 和 CO_2，在此阶段会产生一部分 CO_2。经预热后的材料进入回转窑中进行进一步加热煅烧，回转窑平均每分钟会转动 3~5 圈，内部生料会沿窑壁滑落并进行传送，通过区域的温度也会逐渐升高，其主要目的是通过一系列的化学反应形成熟料中所含矿物成分。待化学反应完成后，熟料形成并被转移到冷却器中，通过风扇将其从 1450℃ 冷却至 100℃ 左右。然后将冷却后的熟料通过传送设备输送到熟料仓中进一步粉碎和粉磨，并将来自冷却器的加热空气送到煅烧炉和窑中以便再利用。

最后进入水泥生产环节。经冷却后的熟料通过传送带运输到水泥粉磨系统，并和其他成分（如石膏、高炉矿渣和粉煤灰）按一定的比例进行粉碎和粉磨以制得水泥。粉磨完成的水泥成品将会被贮存在水泥仓中，通常以散装或袋装的方式进行运送。在水泥生产过程中CO_2释放的源头主要为以下两点（图1-2）：（1）石灰石在窑内煅烧分解过程中释放CO_2；（2）在水泥生产过程中燃料和电能的消耗所释放出的CO_2。针对这两方面，世界各国及组织制定了相应的水泥行业CO_2减排措施。同时，Gartner[55]计算了与每个水泥主要形成相关的总原料CO_2排放量（即从碳酸盐前驱体释放的CO_2算起）。将典型CEM I水泥的相组成的这些值相加，根据精确的熟料组成，得出通过石灰石分解每1t熟料将释放约0.5t CO_2。Damtoft[56]等也得到了相同的发现。结果表明，每1t熟料释放约0.53t CO_2，与能源消耗相关的每1t水泥平均释放0.34t CO_2。综上所述，研发一种无须煅烧且可以就地取材的建筑材料是当前水泥行业节能减排的重中之重。

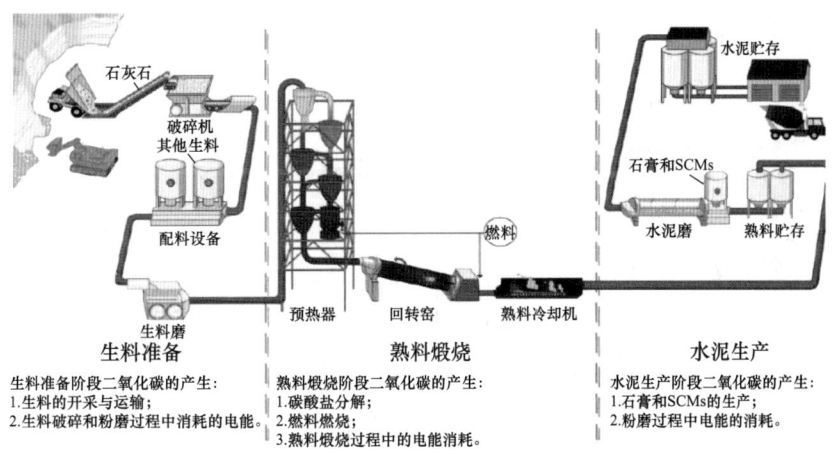

图1-2 水泥生产过程的碳排放[54]

与传统普通硅酸盐水泥相比，地质聚合物是以当地工业固体废弃物为胶凝材料在化学激发剂的作用下制备的胶凝材料，不仅为工业固废的资源化利用指明了方向，也为实现建材领域的节能减排奠定了基础。Davidovits[57]首次得出1kg地质聚合物水泥制备过程中碳排放量为0.18kg，仅为普通硅酸水泥的20%。与普通硅酸盐水泥混凝土相比，地质聚合物混凝土制备过程中碳排放量减少26%~45%。然而，上述计算中Davidovits并未考虑化学激发剂的制备过程中所需的碳排放。因此，Duxson等[58]提出了基于激发溶液的溶解固体（$Na_2O + SiO_2$）含量的函数，用于碱激发粉煤灰和偏高岭土掺合料的二氧化碳排放量的计算，结果表明，地质聚合物通常可减少80%的二氧化碳排放。当前国内外学者通过研究得出地质聚合物的CO_2减排量［比较AAM（地质聚合物）与波特兰水泥]的范围为30%[59]~80%[60]，其他研究提供的值介于这两个边界值之间[61-65]。为了全面精确地对比普通混凝土碳排放，Turner等[66]以普通混凝土和地质聚合物混凝土制备过程的碳足迹为出发点，通过对原材料生产、运输、制造以及最终混凝土的制备过程与运输的能源消耗进行计算（图1-3），可知与普通混凝土相比，1m³地质聚合物混凝土显著地降低了碳足迹，仅为普通混凝土碳排放的9%。如图1-4所示，上述计算过程中假设使用的是相当低效的方法——使用生产的硅酸钠作为激发剂，导致地质聚合物材料计算的全球变暖的潜势未体现。尽管如此，国内外对地质聚合物混凝土的碳排放计算存在较大的争议，但一方面其制备过程中无须煅烧的制备工艺势必大幅降低能耗与碳排放，另一方面其原材料往往以当地工业固体废弃物为主，可有效降低原材料运输半径所带来的能耗和CO_2释放。因此，地质聚合物的大力发展为水泥行业"碳达峰和碳中和"的低碳化发展提供了思路，有利于降低全球严峻的碳排放量。

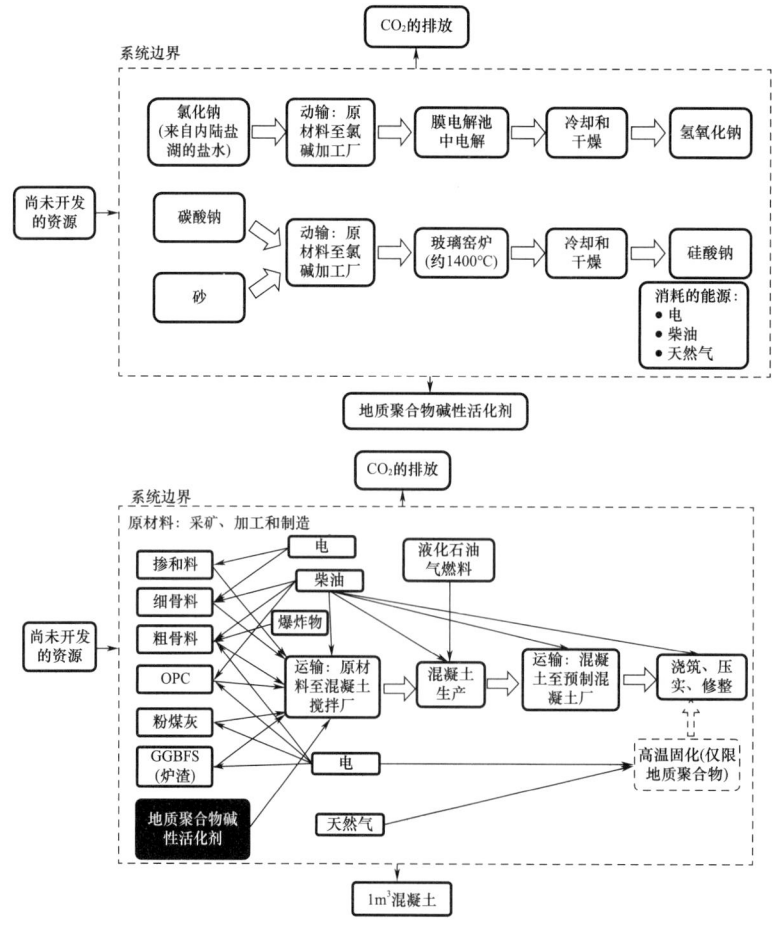

图1-3 普通硅酸盐水泥混凝土和地质聚合物混凝土的碳排放系统

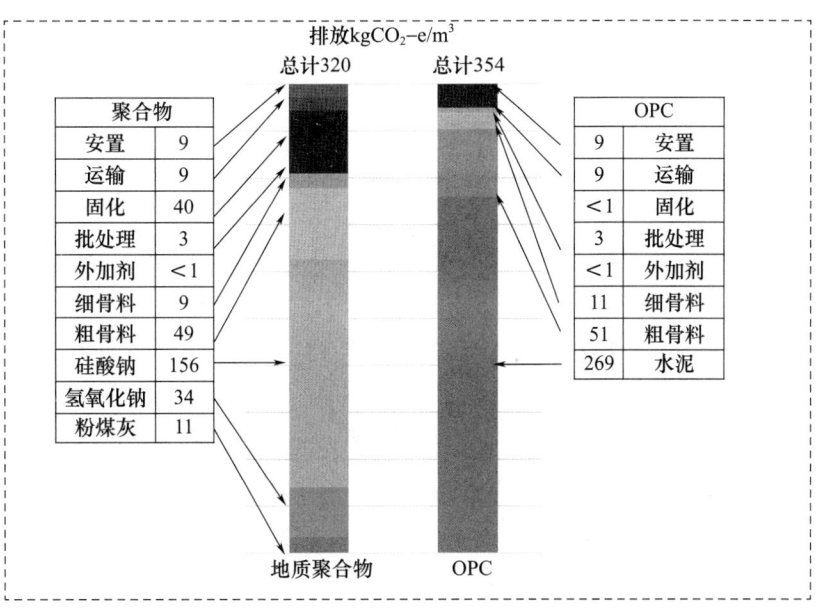

图 1-4　地质聚合物混凝土的碳排放

除了环境因素外，地质聚合物水泥和混凝土不仅能够满足现有建筑应用中规定的性能要求，还具有优良的耐酸侵蚀和防火方面性能。随着经济和环境因素的推动，地质聚合物技术将逐渐进入市场，凸显其在经济效益和环境效益等方面的价值，也有利于驱动地质聚合物标准技术的发展。

1.3　地质聚合物化学

本书中，"地质聚合物"用来定义由化学激发剂激发前驱体形成的一种固体的、稳定的铝硅酸盐材料。其中，前驱体与化学激发剂是地质聚合物的主要成分，决定了其新拌浆体和硬化浆体的各项性能。本小节主要从前驱体物化属性、化学激发剂的种类和属性以及两者间的聚合反应进行介绍。

1.3.1　前驱体

地质聚合物中前驱体多为以富硅富铝的具有潜在火山灰活性的硅铝酸盐类矿物，如高炉矿渣、粉煤灰、废砖粉、自燃煤矸石、废玻璃粉、城市垃圾焚烧后的炉渣以及所有以煤为燃料的各种炉渣[67]。

冶炼生铁时造渣剂的添加可脱除铁矿石中的杂质和降低冶炼温度，然而造渣剂中的石灰石和白云石分解所得的 CaO 和 MgO 与铁矿石中的杂质、焦炭中的灰分相互熔化在一起生成以硅酸盐和硅铝酸盐为主要成分的熔融物，其密度比铁水轻，浮在铁水上面，定期通过压缩空气将炉渣从高炉出渣口送入水池，使水与熔渣激烈混合而快速冷却成粒，又称为"粒化高炉矿渣"。粒化高炉所含氧化物以 CaO（38%～46%），SiO_2（26%～42%）以及少量的 Al_2O_3 和 MgO 为主。从矿渣的微观结构分析可知矿渣玻璃体中存在两种分相结构：一种为连续的富硅相分相结构；另一种为非连续的富硅相分相结构。富钙相结构形成网络结构体维持着结构体的稳定；富硅相结构呈现为球状或者柱状分布于连续的富钙相结构中。其中硅铝酸盐主要以无规则网络的玻璃体结构为主。当前，我国对矿渣基地质聚合物的研究起步相对较晚，但也对其开展了系统详细的研究工作。史才军等[68]、赵永林等[69]、蒲心诚等[70]、聂铁苗等[71]以及钟白茜等[72]总结和归纳了矿渣基地质聚合物的原材料、特征、水化机理、微观结构、力学性能以及耐久性能。主要结论包括：（1）节能环保。随着建筑行业的不断发展，全球每年的水泥需求量逐年升高。水泥的生产过程中不仅消耗大量的黏土、水、煤炭、石灰石等自然资源，也排放出大量的温室气体，给全球的生态环境带来巨大挑战。矿渣基地质聚合物胶凝材料的推广和应用，提高了工业固体废弃物的综合利用率，节约了大量的资源，可作为一种绿色环保的新型建筑材料应用于建筑结构中；（2）矿渣基地质聚合物制备工艺简单，无须复杂的生产工艺，只需将矿渣磨粉后与碱性激发剂拌和就能得到水化产物稳定的胶凝材料；（3）矿渣基地质聚合物的反应速度快、早期强度和最终强度都很高，如利用水玻璃激发矿渣得到碱激发胶凝材料 3d、7d 的抗压强度分别可达 69.5MPa 及 87.5MPa。其优异的性能可归纳于以下几方面[73-76]：（1）低 Ca/Si 比的 C-A-S-H 凝胶、C-S-H 凝胶，没有可与硫酸盐反应的氢氧化钙等物质生成；（2）碱激发矿渣胶凝材料的水化产物中不含钙矾石等易受高温分解的物质生成；（3）碱激发胶凝材料的孔结构致密，有害孔较少。因此，矿渣基地质聚合物已经被广泛地应用于国内的各行各业中。

除了矿渣微粉，粉煤灰也常被用于地质聚合物的前驱体材料中。当前，粉煤灰因其形成工艺的差异可分为电厂煤粉炉粉煤灰与循环流化床脱硫粉煤灰。煤粉炉粉煤灰是指煤粉在煤粉炉锅炉内经高温燃烧后从炉膛底部或烟道收集的一种类似火山灰质的白色或灰色粉末状物质，其燃煤工艺主要经历以下三个阶段：（1）煤粉燃烧的初始阶段，煤粉中气化温度低的挥发分连续地从固定碳和矿物质的链接间隙中逸出，在此过程中，煤炭颗粒依然以不规则的碎屑形式存在，但其结构因挥发分的逸出而变得疏松多孔，从而引起比表面积的增大；（2）由于反应的持续进行，温度会随之升高，多孔碳粒内的有机物质几乎完全燃烧，同时碳粒中的矿物质开始发生脱水反应，进而形成多孔的玻璃体结构（该结构的形态基本不发生变化，但是比表面积降低幅度较大）；(3) 随着反应的进一步进行，温度持续升高，多孔玻璃体开始进入熔化这一阶段，在此过程中，因气流和高温的影响，其体积快速变大，当玻璃体冷却后，其不断熔融收缩，导致颗粒粒径变小、密度变大、圆度增加，最终形成粒径小而致密度高的实心玻璃珠。其化学组成主要以 Si、Al、Fe、Ca、Na、K、Mg、S 和 Mn 等元素形成的氧化物的形式存在，同时伴随着微量的重金属元素（Hg、Cd、Pb）、放射性元素、有害元素、稀有元素（Sn、Ga、Ge 等）和少量的未燃碳。煤灰的矿物组成比较复杂，主要是无定形相和结晶相的混合物。无定形相主要包括玻璃体和少量未充分燃烧的碳；而莫来石、石英、长石、刚玉、磁铁矿和少量钙长石等是其主要的结晶相。另外，煤粉炉粉煤灰中的矿物组成及结晶相的含量与冷却速度息息相关。如果煤粉炉粉煤灰冷却速度较慢，则会析出较多的结晶相；如果冷却速度过快，则会产生较多的玻璃体。结晶相在煤粉炉粉煤灰中很少单独存在，往往被玻璃体包裹，导致单独从煤粉炉粉煤灰中提取结晶相变得比较困难。煤粉炉中稳定的晶体结构，具有稳定的物化性质，一般不与酸碱发生反应。循环流化床脱硫粉煤灰（CFB）是指一种炉内高温运动烟气与所携带湍流扰动极强的固体颗粒密切接触燃烧反应后形成的燃烧产物。其燃烧过程主要分为三个阶段：首先是挥发分的燃烧，由于挥发分析出而煤粒仍然保持原状导致颗粒中孔隙变多，比表面积增大。其次是有机质开始燃烧同时碳粒温度升高，比表面积减小，同时原煤中的矿物质发生脱水、分解等一系列变化，以氧化物形式存在于煤灰中，此时的灰为多孔玻璃体形态。最后随着进一步燃烧，多孔玻璃体比表面积继续减小，粒径也同时减小。同时当煤在 CFB 炉内燃烧时，需向炉内燃烧区喷射石灰石粉末，进行燃烧与脱硫过程，因此灰颗粒与硫酸钙及未反应的氧化钙粉末混合形成粉煤灰。一部分较小的颗粒随着烟气上升，被除尘器捕捉形成飞灰；大颗粒则以底渣的形式排出。煤质特性、分离器性能及锅炉运行工况对飞灰和底渣的比例都有影响，主要影响因素是煤种特性，对煤矸石、煤泥等灰分含量很大的燃料，其底渣排出量高达 70%，而对灰分含量小的优质煤种，其底渣排量可能只有 10%~30%。循环流化床粉煤灰因其复杂的燃煤工况与炉内脱硫技术导致其独有的滋生特点：(1) CaO 含量高，SO_3 含量高；由于 CFB 锅炉在煤颗粒燃烧时喷入了一定量的脱硫剂，脱硫剂分解与燃煤释放的 SO_2 相结合生成硫酸钙，因此硫酸钙是 CFB 粉煤灰中的重要组成部分，同时可能含有未分解的脱硫剂,所以钙、硫含量比普通粉煤灰要高。(2)可燃物含量高。CFB 飞灰和底渣因燃烧路径不同,理化性质也不相同。与底渣相比,飞灰质量轻、炉内停留时间短,不仅含碳量比底渣高,且化学活性也比底渣差。(3)具有自硬性。CFB 粉煤灰中矿物组成主要为高岭石低温分解后的产物,而分解后未发生反应的 CaO 是 CFB 粉煤灰具有自硬性和水化膨胀的重要原因。(4)较大的差异性。CFB 锅炉粉煤灰的物理化学特性不仅由燃料决定,还取决于锅炉的运行参数。由于各 CFB 机组所用燃料差异性很大,且锅炉运行参数不同,导致不同地区不同 CFB 机组所产粉煤灰具有很大的差异性。

近年来,为有效利用粉煤灰国内外学者将粉煤灰根据其氧化钙含量分为 C 级(高钙)和 F 级(低钙),设计不同粉煤灰配合比材料,获得具有优异化学和机械性能的地质聚合物。对于粉煤灰基地质聚合物而言,大多数研究者主要集中于低钙粉煤灰(F 级)的利用,而对于高钙粉煤灰(C 级)基地质聚合物的研究相对较少。一方面原因是 C 级粉煤灰水化热高于 F 级粉煤灰,而水化热较高易导致热量来不及释放,会造成膨胀、开裂等毁灭性后果。另一方面是因为高钙含量的硅铝酸盐原料易导致地质聚合物凝结速度过快,降低后期强度,不利于实际工程应用。但随着地质聚合技术的发展,高钙粉煤灰的利用技术也逐渐成熟,不仅改善了上述存在的问题,更利用 Ca 元素增强了地质聚合物的性能。

偏高岭土是公认的制备地质聚合物的首选材料,主要原因是偏高岭土是高岭土在 650~800℃ 的高温下脱水后形成的无水硅酸铝,具有介稳状态。尾矿用于制备地质聚合物是因为其主要成分是石英、长石、云母等硅铝质矿物,完全可以作为掺和料参与聚合反应,生成地质聚合物。相对于原料性质,利用煅烧过的材料(偏高岭土)制备的地质聚合物的抗压强度高于未煅烧的矿物(如自然形成的矿物、尾矿、高岭土等)所制备的地质聚合物的抗压强度。此外,煅烧过的材料(如粉煤灰)与未煅烧的矿物(如高岭土和钠长石)混合可以提高地质聚合物的抗压强度,并缩短反应时间。

除矿渣微粉、粉煤灰以及偏高岭土之外,污泥焚烧残渣(SIR)含有大量的硅铝元素与重金属物质,相比城市生活垃圾焚烧残渣,SIR 用于地质聚合物的资源化研究较为稀少。Jin[77]等人将 SIR 与 MK 混合制备地质聚合物并寻找最佳原料组成,结果表明,当 SiO_2/Al_2O_3 摩尔比和 Na_2O/SiO_2 摩尔比分别为 2.45 和 0.37 时,固化产物的力学性能、稳定性能和耐久性能较好。Sun[78]等人同样采用 SIR 和 MK 制备 SIR 基地质聚合物,研究不同温度、SIR 掺量、水玻璃模数和 Na_2SiO_3/MK 配比下的力学性能和稳定性能的变化规律,当温度从 25℃ 增加到 800℃ 时,过高温度会使 $[SiO_4]^{2-}$ 和 $[AlO_4]^-$ 的断开程度增加,抗压强度呈先增后降的趋势,且发现 SIR 的掺入会对地质聚合物的抗压强度有显著影响,而水玻璃模数和 Na_2SiO_3/MK 的组分对 SIR 基地质聚合物的性能影响不大。SIR 的硅铝含量与粉煤灰类似,不同之处在于 SIR 一般含有较多的 Fe_2O_3 成分。Fe 作为一种相对无毒且具有一定催化活性的金属元素[79],可使地质聚合物吸附剂材料在降解处理废水领域具有较大的应用潜力。

1.3.2 化学激发剂

化学激发剂作为地质聚合物基本组成,促进其潜在火山灰活性的转化。Shi[80]等人认为凡能与 Ca^{2+} 反应形成不溶性或者难溶性的苛性碱及阴离子或者阴离子基团均被定义为化学激发剂。不同种类激发剂会对地质聚合物产生差异性的变化。因此,Glukhovsky 等[81]将激发剂分为六大类。

苛性碱:MOH——在苛性碱中,胶材中的 Si-O 和 Al-O 键受到 OH^- 的作用使其断裂,生成大量的游离态,Si-O-Al 网络聚合体的聚合度降低,表面形成游离的不饱和活性键,容易与 $Ca(OH)_2$ 反应生成水化硅酸钙和水化硅酸铝等胶凝性产物[82-84]。

非硅酸弱酸盐:M_2CO_3,M_2SO_3,M_3PO_4 以及 MF 等——胶材溶出的 Ca^{2+} 与弱酸根离子形成的低溶解度产物,以 CO_3^{2-} 为例,有可能生成单斜钠钙石 $[Na_2Ca(CO_3)_2 \cdot 5H_2O]$。

硅酸盐类:$M_2O \cdot nSiO_2$——硅酸盐水解导致了胶凝材料溶出的 Ca^{2+}。

铝酸盐类:$M_2O \cdot nAl_2O_3$——铝酸盐水解产生大量的铝酸根离子,在地质聚合物中的三维网状结构的层间起桥接作用,同时铝酸根也对缩聚反应起着促进作用。[26]

铝硅酸盐类:$M_2O \cdot nAl_2O_3 \cdot (2-6)SiO_2$——铝硅酸盐水解产生大量的铝酸根和硅酸根离子有助于地质聚合物的缩聚反应。

非硅酸强酸盐:M_2SO_4——掺入硫酸盐激发粉体材料,主要是 SO_4^{2-} 在 Ca^{2+} 的作用下,与溶解于液相的活性 Al_2O_3 反应生成水化硫铝酸钙 AFt,即钙矾石[27]。反应式为:

$$Al_2O_3 + Ca^{2+} + OH^- + SO_4^{2-} \longrightarrow 3CaO \cdot Al_2O_3 \cdot 3CaSO_4 \cdot 32H_2O$$

当前最常用的碱性激发剂是 NaOH 或 KOH 溶液与硅酸钠或硅酸钾溶液的混合物[85-86]。Barbosa 等[85]和 Rees 等[86]等研究表明 NaOH 与硅酸钠复合使用加快了胶凝相形成。一方面高碱性环境加快了原材料中 Si、Al 组分溶出;另一方面硅酸钠溶液的加入促进了 Si-O-Al 和 Si-O-Si-

O-Al等预聚体的形成,加快了浆体聚合态的转变,从而缩短了地质聚合物固化所需时间。硅酸钠和氢氧化钠作为当前广泛使用的碱性激发剂仍有些不足之处。一方面硅酸钠溶液在碱性条件下易发生自聚合导致地质聚合物混凝土黏度升高、施工性较差;另一方面硅酸钠溶液作为多种聚硅酸盐的复杂溶液,其化学组成随时间推移易变化、难以预测,为实际工程中大规模使用带来不便。鉴于以上问题,Tempest和Assi等[87-88]人使用了硅灰和氢氧化钠的组合替代氢氧化钠溶液和硅酸钠组成的激发剂溶液。与硅酸钠混合激发剂相比,地质聚合物混凝土抗压强度增长较快。一方面,硅灰代替硅酸钠溶液,可减少硅酸钠制备过程中所需要的高温(1100~1200℃)高压的能源消耗;另一方面,与硅酸钠相比,硅灰中硅的含量较高以及其比表面积较大。粉体与溶液的复合也为激发剂的研究指出了一条新的研究之路。

与碱激发地质聚合物相比,酸激发地质聚合物的探索时间较短,研究成果较少,到目前为止尚有很多值得深入讨论的问题。酸激发地质聚合物主要是利用磷酸、磷酸盐、硫酸和硫酸盐等酸激发剂进行激发,以偏高岭土、粉煤灰、煤矸石等具有较高活性的物质作为前驱体。

1.3.3 前驱体——激发剂间的化学反应

地质聚合物反应机理的发展促进了其材料的功能化和商品化应用。近年来,随着现代分析技术的发展,地质聚合物反应机理的研究不断深入。Glukhovsky等[89]于20世纪70年代初提出了相应的三阶段反应机理模型(图1-5):(1)溶解阶段:活性硅铝盐相中的化学键在化学激发剂条件下断裂,形成活性$Si(OH)_4$与$Al(OH)_4^-$四面体结构;(2)重建阶段:$Si(OH)_4$与$Al(OH)_4^-$活性单体在溶液中相互碰撞接触缩聚,生成产物水,形成少量的低聚合度的铝硅酸盐凝胶;(3)凝聚阶段:低聚合度的凝胶相间反应缩聚形成高聚合度的三维网状空间结构的凝胶结构,结构致密化。Glukhovsky所提出的反应机理提出了地质聚合物反应的本质,阐明了活性硅铝酸根离子作用,突出了三维网状凝胶结构的形成过程,为后续反应机理的研究提供了基础。

Miranda[90]等人采用扫描电镜(SEM-EDX)和透射电镜(TEM)等技术从微观形貌结构的角度出发(图1-6),发现地质聚合物中粉煤灰颗粒易受到OH^-激发剂攻击,其内部中空球形粉煤灰玻璃态活性组分浸出,形成活性离子,进而凝胶化反应。Fernández-Jiménez反应机理直观地表现了硅铝酸盐的溶出过程与分布区域变化,为硅铝酸盐Si-O-Si键和Al-O-Al的研究奠定了基础。

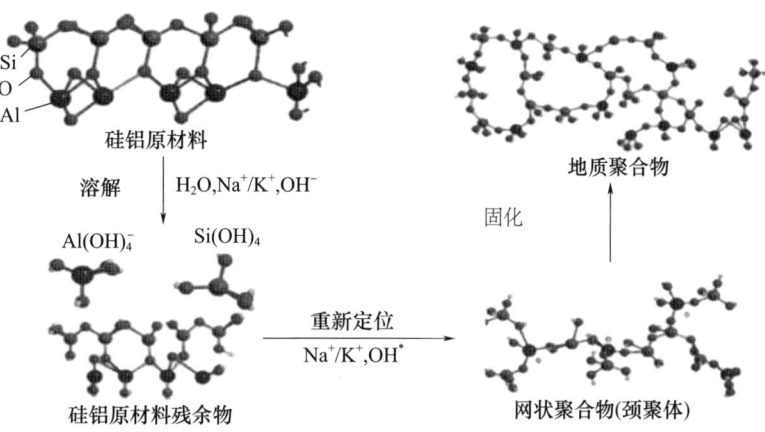

图 1-5　Glukhovsky 反应机理[89]

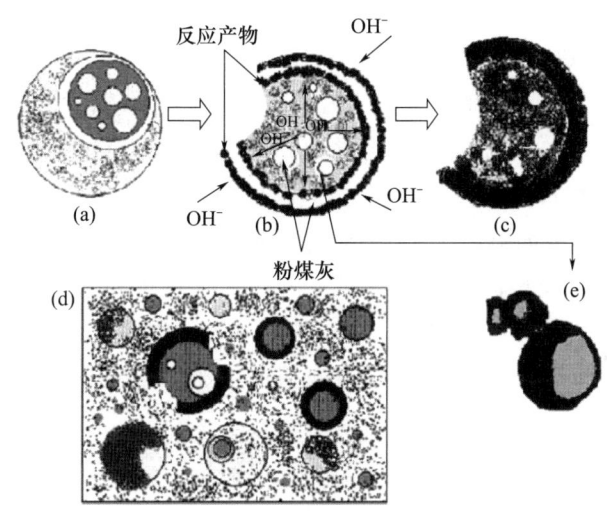

图 1-6　Fernández-Jiménez 反应机理[90]

基于 Fernández-Jiménez 反应机理，Brew 等[91]和 Mackenzie 等[92]通过 XRD 与 NMR 技术发现凝胶是一种硅铝四面体共价配位的无定形结构。与此同时，Rees[93]等基于原位傅立叶红外光谱（In suit FTIR）技术发现地质聚合物反应中凝胶形成过程包括富铝的凝胶 I 相形成，凝胶 I 相转变为富硅的凝胶 II 相两个反应阶段。作为聚合反应的产物，凝胶的形成与复杂转化过程的研究推动了地质聚合物性能的调控与优化发展。综上所述，无定形凝胶的形成演变过程反映了地质聚合物的聚合反应历程，有助于聚合反应程度的量化研究，推动聚合反应过程的定量化研究的发展，为地质聚合物的调控作用奠定了理论基础。

当前，关于磷酸基地质聚合物反应机理的研究相对较少，普遍认可的还是类似于碱激发地质聚合物的解聚-缩聚理论[94-95]。曹德光等[94]利用磷酸与偏高岭土为原料制备了磷酸基地质聚合物，采用 NMR 与 FTIR 等测试手段对其结构进行了表征，提出 H^+ 进入偏高岭土结构中破坏了偏高岭土中的 Al-O 键，从而破坏了偏高岭土的层状结构，使其解离成大量单层硅铝结构，同时磷酸中的 $[PO_4]^{3-}$ 四面体进入到基体中与 Al 原子进行"键合反应"生成了新的网状结构的论断。刘乐平[95]利用高活性粉体为原料，磷酸为激发剂制备磷酸基地质聚合物并利用电导率、离子浓度等测试方法间接地对磷酸基地质聚合反应过程进行监控，并将反应过程表示为解聚与缩聚两个阶段。其中包括：（1）铝的溶出；（2）硅的溶出；（3）达到平衡后缩聚。同时对反应活化能进行测试，解聚活化能为 20.12kJ/mol，缩聚过程活化能为 14.13kJ/mol。

综上所示，对于酸激发而言，大多数研究认为酸激发（磷酸）地质聚合反应机制主要包括三个阶段：（1）在磷酸的作用下，偏高岭土的硅铝氧化物被溶解，形成 Si-OH，Al-OH 和 P-OH 等；（2）偏高岭土溶解出的 Si-OH，Al-OH 与磷酸中的 $[PO_4]^{3-}$ 之间互相反应，生成非晶态结构的 P-O-Si，Si-O-Al，Al-O-P，同时由于 P 和 Al 之间有很强的亲和力，浸出 Al^{3+} 与磷酸的 PO_4^{3-} 反应得到结晶相 $AlPO_4$；（3）非晶结构的 P-O-Si，Si-O-Al，Al-O-P 的脱水缩聚，形成由三维的 Si，Al，P 原子分布和 $AlPO_4$ 共同组成的网络状地质聚合物。

与碱激发不同之处在于，由于 $[PO_4]^{3-}$ 部分取代了 $[SiO_4]^{2-}$，磷酸基地质聚合物分子结构内的电荷可以通过 Al-O-P 键来平衡，不需要额外的单价阳离子参与。因此，酸性地质聚合物的介电损耗比碱性地质聚合物的介电损耗要低。此外，与碱激发地质聚合物相比，酸激发地质聚合物具有更强的黏结性，从而具有更高的抗压强度、更低的风化率和更高的热稳定性。

1.4 地质聚合物应用

地质聚合物原料来源广泛，可根据实际工程的需要利用特性不同的固废制出具有相应优异性能的材料。碱激发和酸激发地质聚合物材料特性相似，二者应用领域虽略有不同，但也较为相近。在众多领域中，地质聚合物主要应用于建筑材料、道路修复、重金属固化、光催化和废水吸附领域。地质聚合物最常见的用途是替代普通硅酸盐水泥材料的使用，其具有更加优异的抗压强度、耐久性和稳定性等，在满足建筑、道路领域材料需求的同时，也促进了固废的资源化利用。除了传统领域的利用外，固废基地质聚合物材料也可用于重金属固化、光催化和废水中污染物的吸附等环境领域，达到"以废治废"的目的。各个领域之间并不是互相独立的，例如用于保温材料的地质聚合物可能同样具有较为优异的吸附性能，重金属固化领域的地质聚合物可能同样具有道路修复的功能，这取决于地质聚合物的制备技术。仅针对某一方面（如保温性能）的性能所制得的地质聚合物只能应用于某一特定领域，这虽有利于精准改善性能，但也限制了地质聚合物材料的多功能性发展。但另一方面，地质聚合物性能并不十分稳定，在考虑到目前的地质聚合技术尚未充分解决固废基地质聚合物性能稳定性以及缺乏市场的情况下，单一功能地质聚合物材料更具有应用意义。未来若能解决地质聚合物性能稳定性的问题，那么地质聚合物的应用范围及可行性将大幅提高。

1.5 总结

随着节能减排和"碳达峰和碳中和"目标的提出以及固废资源化问题的日益剧增，地质聚合物以工业固体废弃物中硅铝酸盐为原材料通过化学激发剂活化后所制备而得，具有原材料丰富、工艺简单、节约资源和能源等优点，又兼具有机高分子、陶瓷和水泥等材料的优良性能，使之越来越受到人们的重视。因此，国内外学者正致力于地质聚合物在各个领域的大规模发展，推动其产业化以及高值化的发展。

参考文献

[1] DAVIDOVITS J. Geopolymers Inorganic polymeric new materials [J]. Journal of Thermal Analysis, 1991, 37: 1633-1656.

[2] TALLING B. Geopolymers give fire safety to cruise ships [C] //Geopolymer Turn Potential into Profit, Melbourne, Australia, Lukey, 2002.

[3] LYON R E, BALAGURU P N, FODEN A, et al. Fire resistant aluminosilicate composites [J]. Fire and Materials, 1997, 21: 67-73.

[4] GIANCASPRO J, BALAGURU P N and LYON R E. Use of inorganic polymer to improve the fire response of balsa sandwich structures [J]. Journal of Materials in Civil Engineering, 2006, 18: 390-397.

[5] COMRIE D C, KRIVEN W M. Composite cold ceramic geopolymer in a refractory application [J]. Ceramic Transactions, 2003, 153: 211-225.

[6] WASTIELS J, WU X, FAIGNET S, et al. Mineral polymer based on fly ash [C]. Proceedings of the 9th International Conference on Solid Waste Management, Philadelphia, PA, 1993: 8.

[7] DAVIDOVITS J, MORRIS M. The Pyramids: An Enigma Solved [M]. 2nd Revised

Ed. Editions J. Davidovits, Saint-Quentin, France, 2001.

[8] BARSOUM M W, GANGULY A, HUG G. Microstructural evidence of reconstituted limestone blocks in the Great Pyramids of Egypt [J]. J. Am. Ceram. Soc. 2006, 89 (12): 3788-3796.

[9] MACKENZIE K J D, SmITH M E, WONG A, HANNA J V, et al. Were the casing stones of Senefru's Bent Pyramid in Dahshour cast or carved: multinuclear NMR evidence [J]. Mater. Lett. 2011, 65 (2): 350-352.

[10] SONAFRANK C. Investigating 21st century cement production in interior Alaska using Alaskan resources. Cold Climate Housing Research Center, Report 012409 [R]. 2010: 10-11.

[11] VITRUVIUS. The Ten Books of Architecture [M]. Dover, Trans M. H. Morgan. New York, 1960.

[12] ABE H, AOKI M, KONNO H. Synthesis of analcime from volcanic sediments in sodium silicate solution [J]. Contrib. Mineral. Petrol. 1973, 42 (2): 81-92.

[13] PROVIS J L, Muntingh Y, Lloyd R R, et al. Will Geopolymers Stand the Test of Time? [M]. Ceram. Eng. Sci. Proc, 2009.

[14] PURDON A O. The action of alkalis on blast-furnace slag [J]. Journal of the Society of Chemical Industry - Transactions and Communications, 1940, 59: 191-202.

[15] V D GLUKHOVSKY, G S ROSTOVSKAJA, G V RUMYNA. High strength slag alkaline cements. In: Proceedings of the seventh international congress on the chemistry of cement [C] //7th International Congress on the Chemistry of Cement, 1980: 164-8.

[16] V D GLUKHOVSKY. Slag-alkali concretes produced from fine-grained aggregate. Vishcha Shkolay Press, Kiev, 1981.

[17] TALLING B, BRANDSTETR J. Present State and Future of Alkali-Activated Slag Concretes [C]. Malhotra V. M. (ed) 3rd International Conference on Fly Ash, Silica Fume, Slag and Natural Pozzolans in Concrete, ACI SP114, 1989, 2: 1519-1564.

[18] SLOTA R J. Utilization of water glass as an activator in the manufacturing of cementitious materials from waste by-products [J]. Cem. Concr. Res. 1987, 17 (5): 703-708.

[19] DEJA J, MAŁOLEPSZY J. Long-term resistance of alkali-activated slag mortars to chloride solution. In: 3rd International Conference on Durability of Concrete, Nice, France, 1994: 657-671.

[20] MAŁOLEPSZY J, DEJA J. The influence of curing conditions on the mechanical properties of alkali-activated slag binders [J]. Silic. Ind. 1988, 53 (11-12): 179-186.

[21] MOZGAWa W, DEJA J. Spectroscopic studies of alkaline activated slag geopolymers [J]. J. Mol. Struct. 2009, 924: 434-441.

[22] BRYLICKI W, MAŁOLEPSZy J. STRYCZEK, S. Alkali activated slag cementitious material for drilling operation. In: 9th International Congress on the Chemistry of Cement, New Delhi, India, 1992, 3: 312-316.

[23] DEJA J. Carbonation aspects of alkali activated slag mortars and concretes [J]. Silic. Ind. 2002, 67 (1): 37-42.

[24] MAŁOLEPSZY J, DEJA J, BRYLICKI W. Industrial application of slag alkaline concretes. In: Krivenko, P. V. (ed.) Proceedings of the First International Conference on Alkaline Cements and Concretes, Kiev, Ukraine, 1994, 2: 989-1001.

[25] DZIEWAŃSKI J, BRYLICKI W, PAWLIKOWSKI M. Utilization of slag-alkaline cement as a grouting medium in hydrotechnical construction [J]. Bull. Eng. Geol. Environ. 1980, 22 (1): 65-70.

[26] ŠKVÁRA F, JILEK T, KOPECKY L. Geopolymer materials based on fly ash [J]. Materials Science, 2005, 186-189.

[27] ŠKVÁRA F, BOHUNĚK J. Chemical activation of substances with latent hydraulic properties [J]. Ceram. -Silik. 1999, 43 (3): 111-116.

[28] ŠKVÁRA F, BOHUNĚK J, Marková A. Alkali-activated fly-ash. In: Proceedings of 14th IBAUSIL, Weimar, Germany, 2000, 1: 523-533.

[29] MINAŘÍKOVÁ M, ŠKVÁRA F. Fixation of heavy metals in geopolymeric materials based on brown coal fly ash [J]. Ceram. -Silik. 2006, 50 (4): 200-207.

[30] DAVIDOVITS J. Geopolymer chemistry and sustainable development [C] // Geopolymer Green Chemistry and Sustainable Development Solutions, Geopolymer 2005 Conference. 2005.

[31] LANGTON C A, ROY D M. Longevity of borehole and shaft sealing materials: characteriza-tion of ancient cement-based building materials [J]. In: McVay, G. (ed.) Materials Research Society Symposium Proceedings, 1986, 26: 543-549.

[32] ROY D M. Alkali-activated cements - opportunities and challenges [J]. Cem. Concr. Res. 1999, 29 (2): 249-254.

[33] ROY D M. New strong cement materials: chemically bonded ceramics [J]. Science1987, 235 (4789): 651-658.

[34] ROY A, SCHILLING P J, EATON H C. Alkali activated class C fly ash cement [J]. U. S. Patent 1996 (5): 565.

[35] ROY A, SCHILLING P J, EATON H C, et al. Activation of ground blast-furnace slag by alkali-metal and alkaline-earth hydroxides [J]. J. Am. Ceram. Soc. 1992, 75 (12): 3233-324.

[36] PALOMO A, GLASSER F P. Chemically-bonded cementitious materials based on metakaolin [J]. Journal Ceram. Trans. 1992, 91 (4): 107-112.

[37] DOUGLAS E, BILODEAU A, MALHOTRA V M. Properties and durability of alkali-activated slag concrete [J]. ACI Mater. J. 1992, 89 (5): 509-516.

[38] CHENG Q H, TAGNIT-HAMOu A, SARKAR S L. Strength and microstructural

properties of water glass activated slag [J]. Mater. Res. Soc. Symp. Proc. 1991, 245: 49-54.

[39] GIFFORD P M, GILLOTT J E. Alkali-silica reaction (ASR) and alkali-carbonate reaction (ACR) in activated blast furnace slag cement (ABFSC) concrete [J]. Cem. Concr. Res. 1996, 26 (1): 21-26.

[40] DAVIDOVITS J. The need to create a new technical language for the transfer of basic scientific information. In: Gibb, J. M., Nicolay, D. (eds.) Transfer and Exploitation of Scientific and Technical Information, EUR 7716, 1982: 316-320.

[41] DAVIDOVITS J. Proceedings of the World Congress Geopolymer 2005 - Geopolymer, Green Chemistry and Sustainable Development Solutions, 2005.

[42] BUCHWALD A, SCHULZ M. Alkali-activated binders by use of industrial by-products [J]. Cem. Concr. Res. 2005, 35 (5): 968-973.

[43] KAPS C, BUCHWALD A. Property controlling influences on the generation of geopolymeric binders based on clay. In: Lukey, G. C. (ed.) Geopolymers 2002. Turn Potential into Profit, Melbourne. CD-ROM Proceedings. Siloxo Pty.

[44] BUCHWALD A, KAPS C, HOHMANN M. Alkali-activated binders and pozzolan cement bind-ers - complete binder reaction or two sides of the same story? In: Grieve, G., Owens, G. (eds.) Proceedings of the 11th International Conference on the Chemistry of Cement, Durban, South Africa, 2003: 1238-1246.

[45] BUCHWALD A. What are geopolymers? Current state of research and technology, the oppor-tunities they offer, and their significance for the precast industry [J]. Betonw. Fert. Technol. 2006, 72 (7): 42-49.

[46] BUCHWALD A, WIERCKX J. ASCEM cement technology - alkali-activated cement based on synthetic slag made from fly ash. First International Conference on Advances in Chemically-Activated Materials, Jinan, China, 2010: 15-21.

[47] GRUSKOVNJAK A, LOTHENBACH B, HOLZER L, et al. Hydration of alkali-activated slag: comparison with ordinary Portland cement [J]. Adv. Cem. Res. 2006, 18 (3): 119-128.

[48] WINNEFELD F, LEEMANN A, LUCUK M, et al. Assessment of phase formation in alkali activated low and high calcium fly ashes in building materials [J]. Constr. Build. Mater. 2010, 24 (6): 1086-1093.

[49] BEN HAHA M, LE SAOUT G, WINNEFELD F, LOTHENBACH B. Influence of activator type on hydration kinetics, hydrate assemblage and microstructural development of alkali activated blast-furnace slags [J]. Cem. Concr. Res. 2011, 41 (3): 301-310.

[50] BEN HAHA M, LOTHENBACH B, Le SAOUT G, Winnefeld F. Influence of slag chemistry on the hydration of alkali-activated blast-furnace slag - Part I: effect of MgO [J]. Cem. Concr. Res. 2011, 41 (9): 955-963.

[51] LE SAOÛT G, BEN HAHA M, WINNEFELD F, LOTHENBACH B. Hydration de-

gree of alkali-activated slags: a ^{29}Si NMR study [J]. J. Am. Ceram. Soc. 2011, 94 (12): 4541-4547.

[52] 史才军,巴维尔·克利文科,黛拉·罗伊. 碱-激发水泥和混凝土 [M]. 北京:化学工业出版社,2008.

[53] 杨南如. 碱胶凝材料形成的物理化学基础(Ⅱ) [J]. 硅酸盐学报,1996,24 (4):459-465.

[54] 杨帆. 水泥生产碳排放研究 [D]. 天津:河北工业大学,2020.

[55] GARTNER E. Industrially interesting approaches to "low-CO_2" cements [J]. Cem. Concr. 2004, 34 (9): 1489-1498.

[56] DAMTOFT J S, LUKASIK J, HERFORT D, et al. Sustainable developmentand climate change initiatives [J]. Cem. Concr. Res. 2008, 38 (2): 115-127.

[57] DAVIDOVITS J. Environmentally Driven Geopolymer Cement Applications [C] // Geopolymer 2002 Conference. 2002.

[58] DUXSON P, PROVIS J L, LUKEY G C, et al. The role of inorganic polymer technology in the development of 'Green concrete' [J]. Cem. Concr. Res. 2007, 37 (12): 1590-1597.

[59] VON WEIZSÄCKER E, HARGROVES K, SMITH M H. Factor Five: Transforming the Global Economy Through 80% Improvements in Resource Productivity [C] //. Earthscan, London, 2009.

[60] TEMPEST B, SANSUI O, GERGELY J, et al. Compressive strength and embodied energy optimization of fly ash based geopolymer concrete [C] // World of Coal Ash 2009, Lexington, KY. CD-ROM Proceedings, 2009.

[61] BUCHWALD A, DOMBROWSKi K, WEIL M. Evaluation of primary and secondary materials under technical, ecological and economic aspects for the use as raw materials in geopolymeric binders [C] // 2nd International Symposium on NonTraditional Cement and Concrete, Brno, Czech Republic, 2005.

[62] WEIL M, DOMBROWSKI K, BUCHWALD A. Life-cycle analysis of geopolymers. Geopolymers: Structure, Processing, Properties and Industrial Applications [C] // Woodhead, Cambridge, 2009.

[63] WEIL M, JESKE U, DOMBROWSKI K, BUCHWALD A. Sustainable design of geopolymers -evaluation of raw materials by the integration of economic and environmental aspects in the early phases of material development [C] // Advances in Life Cycle Engineering for Sustainable Manufacturing Businesses, Tokyo, Japan, 2007.

[64] MCLELLAN B C, WILLIAMS R P, LAY J, et al. Costs and carbon emissions for geopolymer pastes in comparison to ordinary Portland cement [J]. J. Cleaner Prod. 2011, 19 (9-10): 1080-1090.

[65] STENGEL T, REGER J, HEINZ D. Life cycle assessment of geopolymer concrete - what is the environmental benefit [C] // Concrete Solutions 09, Sydney, 2009.

[66] TURNER L K, COLLINS F G. Carbon dioxide equivalent (CO2-e) emissions: a

comparison between geopolymer and OPC cement concrete [J]. Construction & Building Materials, 2013, 43: 125-130.

[67] ZHANG T, YU Q, WEI J, et al. Preparation of high performance blended cements and reclamation of iron concentrate from basic oxygen furnace steel slag [J]. Resources Conservation & Recycling. 2011, 56 (1): 48-55.

[68] 史才军, 巴维尔·克利文科, 黛拉·罗伊. 碱-激发水泥和混凝土 [M]. 化学工业出版社, 2008.

[69] 赵永林. 水玻璃激发矿渣超细粉胶凝材料的形成及水化机理的研究 [D]. 西安: 西安建筑科技大学, 2007.

[70] 徐彬, 蒲心诚. 固态碱组分矿渣水泥水化过程研究 [J]. 混凝土与水泥制品, 1998 (03): 3-7.

[71] 聂轶苗. SiO_2-Al_2O_3-Na_2O (K_2O) -H_2O 体系矿物聚合材料制备及反应机理研究 [D]. 北京: 中国地质大学 (北京), 2006.

[72] 钟白茜, 杨南如. 水玻璃—矿渣水泥的水化性能研究 [J]. 硅酸盐通报, 1994 (01): 4-8.

[73] 陈翠红, 王元, 郭佩玲. 高性能碱矿渣混凝土的研究 [J]. 混凝土, 1999 (05): 24-26.

[74] 彭方毅. 碱矿渣混凝土抗硫酸盐侵蚀性能研究 [D]. 重庆: 重庆大学, 2008.

[75] PARK S M, JANG J G, LEE N K, et al. Physicochemical properties of binder gel in alkali-activated fly ash/slag exposed to high temperatures [J]. Cement & Concrete Research, 2016, 89: 72-79.

[76] 付亚伟, 蔡良才, 曹定国. 碱矿渣高性能混凝土冻融耐久性与损伤模型研究 [J]. 工程力学, 2012, 29 (03): 103-109.

[77] JIN M, LIAN F, XIA R, et al. Formulation and durability of a geopolymer based on metakaolin/tannery sludge [J]. Waste Manage, 2018, 79: 717-728

[78] SUN S, LIN J, FANG L, et al. Formulation of sludge incineration residue based geopolymer and stabilization performance on potential toxicelements [J]. Waste Manage, 2018, 77: 356-363

[79] 刘小佳, 张晓威, 武壮壮, 等. Fe^{2+} 活化过硫酸盐对亚甲基蓝废水的降解研究 [J]. 现代化工, 2018, 38: 92-96

[80] SHI C, KRIVENKO P, ROY D. Alkali-Activated Cements and Concretes [M]. Crc Press. 2005.

[81] Glukhovsky V D, Zaitsev Y P V. Slag-alkaline cements and concretes: Structures, properties, technological and economic aspects of use: Silicates Industriels [Z]. US, 1983197-200.

[82] 翁履谦, 宋申华. 地质聚合物合成中铝酸盐组分的作用机制 [J]. 硅酸盐学报. 2005, 33 (3): 276-280.

[83] SAKAI E, MIYAHARA S, OHSAWA S, et al. Hydration of fly ash cement [J]. Cement & Concrete Research. 2005, 35 (6): 1135-1140.

[84] XU H, DEVENTER J S J V. The geopolymerisation of alumino-silicate minerals [J]. International Journal of Mineral Processing. 2000, 59 (3): 247-266.

[85] BARBOSA V F F, MACKENZIE K J D, THAUMATURGO C. Synthesis and characterisation of materials based on inorganic polymers of alumina and silica: sodium polysialate polymers [J]. International Journal of Inorganic Materials. 2000, 2 (4): 309-317.

[86] REES C A, PROVIS J L, LUKEY G C, et al. In situ ATR-FTIR study of the early stages of fly ash geopolymer gel formation [J]. Langmuir the Acs Journal of Surfaces & Colloids. 2007, 23 (17): 9076.

[87] TEMPEST B, SANUSI O, GERGELY J, et al. Compressive Strength and Embodied Energy Optimization of Fly Ash Based Geopolymer Concrete [J]. Indian Journal of Science & Technology. 2019, 210: 78-92.

[88] ASSI L N, DEAVER E, ELBATANOUNY M K, et al. Investigation of early compressive strength of fly ash-based geopolymer concrete [J]. Construction & Building Materials. 2016, 112: 807-815.

[89] GLUKHOVSKY V D, ZAITSEV Y P V. Slag-alkaline cements and concretes: Structures, properties, technological and economic aspects of use: Silicates Industriels [Z]. US, 1983197-200.

[90] MIRANDA J M, FERNÁNDEZ-JIMÉNEZ A, GONZÁLEZ J A, et al. Corrosion resistance in activated fly ash mortars [J]. Cement & Concrete Research. 2005, 35 (6): 1210-1217.

[91] BREW D R M, MACKENZIE K J D. Geopolymer synthesis using silica fume and sodium aluminate [J]. Journal of Materials Science. 2007, 42 (11): 3990-3993.

[92] MACKENZIE K J D, O'LEARY B. Inorganic polymers (geopolymers) containing acid-base indicators as possible colour-change humidity indicators [J]. Materials Letters. 2009, 63 (2): 230-232.

[93] REES C A, PROVIS J L, LUKEY G C, et al. In situ ATR-FTIR study of the early stages of fly ash geopolymer gel formation. [J]. Langmuir the Acs Journal of Surfaces & Colloids. 2007, 23 (17): 9076.

[94] 曹德光, 苏达根, 路波, 等. 偏高岭石-磷酸基矿物键合材料的制备与结构特征 [J]. 硅酸盐学报, 2005, 33 (11): 1385-1389.

[95] 刘乐平. 磷酸基地质聚合物的反应机理及应用研究 [D]. 南宁: 广西大学, 2012.

2 地质聚合物新拌浆体流变性

作为拌和物的重要性能，新拌浆体的流变性是一种若干性质的综合性能，影响硬化浆体的力学性能、微观结构以及耐久性等后期性能。与传统水泥基材料不同，地质聚合物新拌浆体的流变性的研究仍处于起步阶段，仍需不断完善。本章从流变学的发展、导论、混凝土的流变性以及新拌浆体的流变性等多个角度对地质聚合物新拌浆体进行初步介绍。

2.1 流变学的发展

近年来，地质聚合物混凝土因其优异的力学性能和耐久性已得到广泛的应用。然而，实际生产制造过程仍存在工作性不稳定的问题，阻碍其大规模商品化的应用发展。工作性作为新拌混凝土的重要性质，是一种混凝土拌和物在确定的条件下所表现出的若干性质的综合效应，对混凝土凝结、强度以及后期耐久性起着至关重要的作用[1]。工作性包括流动性、可塑性、稳定性和易密性等4种性能，在工程上则主要表现为流动速度的快慢、变形能力的强弱、泌水泌浆、扒底以及流动性随时间与压力的变化等问题[2]。与水泥混凝土相似[3]，地质聚合物新拌混凝土是一种多分散尺度的固液悬浮体系。主要包括以下2部分：(1) 惰性砂石骨料分散在净浆体系中；(2) 活性固体颗粒分散在碱性分散介质中，颗粒化学反应生成大量的反应产物，改变新拌浆体的结构特性。较惰性填料而言，活性新拌浆体是混凝土既有大坍落度的液体般的流动性又具有小触变性能而不离析特征的决定性因素。活性组分构成的新拌浆体是地质聚合物混凝土的关键组成之一，是地质聚合物混凝土施工性的决定性因素。

流变学是一门集合物体流动与形变的科学[4-7]，是基于17世纪提出的胡克定律[8-9]与牛顿黏性定律[10]所创立的学科。然而，胡克定律与牛顿黏性定律仅仅是应用于两类性质被简化后的抽象物体，并未考虑实际应用过程中的材料所具有的复杂性能，如水泥基材料、沥青、黏土、橡胶、蛋清等，一方面需满足流动的需求，也应具有形变的能力；另一方面这些材料在使用过程中不仅仅需要具有一定的黏性，也需少量的弹性。因此，对于此类物体，胡克定律或者牛顿黏性定律均无法全面地描述其各方面性[10-11]。

随着科技的不断发展，国内外学者在胡克定律与牛顿黏性定律的基础上，逐步发展了很多理论（材料力学、弹性理论、塑性理论、黏性流体力学理论等），为流变学的发展与创建奠定了基础。相比于胡克定律与牛顿黏性定律，流变学却是一门新兴发展的学科：19 世纪 30 年代，Bingham 教授组织筹建了美国流变学，标志着流变学诞生[12-13]。20 世纪 60 年代初期，国内学者开始对流变学的相关内容进行深入的研究，并随着袁龙蔚的《流变学概论》[14]、郭友中翻译的《理论流变学讲义》[15]以及黄大能的研究[16-18]，促进了国内流变学的发展。同时，作为一门物理、化学、力学、医学、生物学、工程技术科学等多学科的交叉学科，流变学经过 90 年的蓬勃发展已经衍生出 20 多门分支学科，成为众多专业研究中的理论基础，比如高分子流变学[19-22]、生命科学之血液流变学[23-25]与细胞流变学[25-27]、化工流变学[27-29]、石油流变学[29-31]、电磁流变学[32-35]、食物流变学[36-39]等。由此可见，流变学作为一门理论科学，具有十分广阔的发展与应用前景。

然而，20 世纪 40 至 50 年代，流变学理论与混凝土相结合促进新拌混凝土浆体流变性的发展，成为科学地研究水泥混凝土工作性的关键性转折[40-41]。1928 年 Bingham 教授首次创立流变学研究学会，主要研究领域包括物体流动与变形等内容，成为了材料科学发展的重要力学科学之一[42]。与传统力学研究不同，流变学旨在研究物体在外力作用下结构中质点随时间变化的流动与变形规律，探索物体不同的变形状态，建立材料的内部结构与性能间的关系。同时研究表明物质的流变存在以下基本特性[43]：（1）任何实际存在的物质，无时无刻不在"流动"；（2）当承受各向同性压力时，任何物质的反应相同，表现为形态不变，密度增加，呈现弹性特性；（3）弹性、塑性、黏性和强度是物质的四个基本流变特性。

2.2 流变学的导论

流变学是一门研究材料流动与变形规律的科学[44-45]。长久以来，流动与变形是两个不同范畴的概念：流动为液体材料（水、乳液、溶液等）的属性，当液体流动时会表现出黏性行为，发生了永久变形，其形变不可恢复并耗散部分能量；而变形时固体（晶体、金属、矿石等）则会表现出弹性行为，其产生的弹性行为在外力撤销后可恢复，且在其形变过程中存储能量，形变恢复时还原能量，具有记忆效应。理想状态下，液体流动的过程遵循牛顿黏性定律（即材料所受的剪切应力与剪切速率成正比），且流动过程是一个时间过程，只可在有限时间内才能观察到材料的流动。而固体材料变形时遵循胡克定律（即材料所受的应力与形变量成正比）的响应则是瞬时响应。

然而，实际材料，如沥青、黏土、橡胶、混凝土以及其他形形色色的材料，往往表现出复杂的力学性质，既能流动，又能变形；既有黏性，又有弹性；同时其变形过程中会发生黏性损耗，流动时又有弹性记忆效应，黏弹性结合。因此，对于此类材料，牛顿黏性定律和胡克定律无法全面地描述其复杂的规律，急需一门新的学科——流变学，对"固-液两相性"共存的"黏弹性"行为进行深入研究。

2.2.1 应力与应变

尽管日常生活中家具、汽车以及座椅等常见的刚性物体在被使用的过程中均以固体的状态存在，然而刚体在客观上并不存在，已不是流变学的研究对象。尽管如此，刚体力学中的力系平衡条件、力与运动的关系等一些基本规律仍可用于流变学的研究中。实际生产过程中，当受到外界所施加高于物体的临界值时，物体就会在多重外力作用下发生剧烈变形甚至断裂的情况。按照宏观表现来分类，形变可分为简单剪切、均匀剪切和压缩、纯剪切、纯扭转、纯弯曲、膨胀和收缩等。为了更好地理解物体的流动与变形，国内外学者通过一些基本物理量来量化物体的流变特性。现以材料发生简单剪切时的情况为例，对物体的流变学的基本物理参数进行介绍。当发生简单剪切形变时，物体内一些平行平面彼此做相对运动（图2-1），相对移动的大小与平面间距成正比，移动方向与平面平行。由图2-1所示，矩形材料经简单剪切变为有一定底角（θ）的平行四边形，矩形内的任意质点位移点（x）位移到平行四边形中的（$x + \Delta x$）。因此，物体的剪切变形可归纳如下：

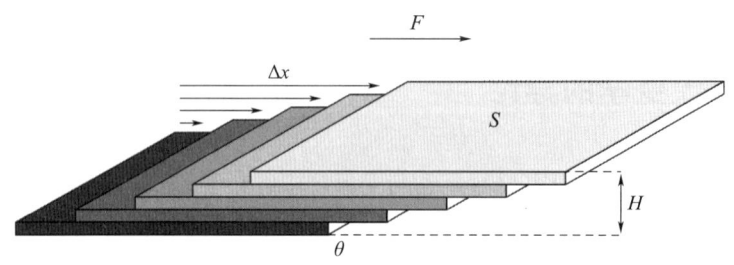

图2-1 简单剪切形变示意图[46]

1）应力（τ），是材料内部单位面积上的响应力$\left(\tau = \dfrac{F}{S}\right)$——物体在外力或者力矩作用下会产生流动或变形，同时为抵抗流动或形变，物体内部产生相应的应力。应力单位为 Pa（$1\text{Pa} = 1\text{N} \cdot \text{m}^{-2}$）或 MPa（$1\text{MPa} = 10^6 \text{Pa}$）。

2）应变速率（$\gamma = \tan\theta$），是材料在外力作用下物体局部的相对变形程度$\left(\tan\theta = \dfrac{\Delta x}{H}\right.$，其中 Δx 为外力作用下物体所发生的位移，H 为物体的层高$\left.\right)$。同时，物体所发生的位移是其面层的移动速度 v 和移动时间 t 的乘积。因此，剪切变形的公式亦可转换为 $\varepsilon = \dfrac{vt}{H}$。当 Δx 值很小时，物体的剪切变形可直接用 θ 表示，即 $\theta \approx \tan\theta = \dfrac{vt}{H}$，则剪切变形速率定义为 $\dfrac{\mathrm{d}v}{\mathrm{d}t} = \dfrac{v}{H}$；当变形为不均匀形变时，则可把矩形物体细分为高度为 $\mathrm{d}y$ 足够小的试块，其面层和底层的速度为 $\mathrm{d}v$，则变形速率为 $\dfrac{\mathrm{d}v}{\mathrm{d}t} = \dfrac{\mathrm{d}v}{\mathrm{d}H}$。

由上可知，剪切应力与剪切应变速率的关系可分为两类：（1）两者间呈现正比的线性关系，这种材料被称为牛顿体（Newton）或牛顿液体。液体在剪切应力的作用下，剪切应变将随时间而不断增加；（2）两者间表现为非线性关系，当剪切应力小于某一极限值（屈服应力）时不发生剪切应变，当剪切应力达到该极限值时，立即发生极大的剪切应变。这种一瞬间发生极大形变的行为，称为塑性流动。此种物体称为钢塑性体，统称为非牛顿流体。

2.2.2　流体分类以及模型

随着流体流变学研究的不断深入和完善，国内外学者发现流体在外力作用下会表现出不同的流变特性，将其分为以下几类。

1）牛顿流体

牛顿流体是指一种理想的具有层流特征黏性液体，体系内各粒子相互独立，彼此间不存在相互作用力[47]。其流动曲线方程满足 $\tau = \eta\gamma$（图 2-2）：η 是个常数，不随 τ 或 γ 而变，只与温度有关。大多数的纯液体、低分子稀溶液以及分散体系中分散相含量少的液体均具有牛顿流体的特点。

2）非牛顿流体

非流动流体是一大类实际流体的统称[48]，流动曲线不满足 $\tau = \eta\gamma$ 的流体统称非牛顿流体，主要包括 Bingham 塑性流体，假塑性流体和胀塑性流体（图2-3）。

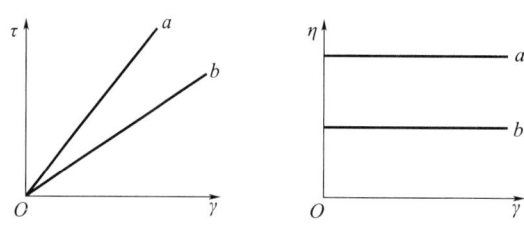

图2-2 牛顿流体的流动曲线和黏度曲线

a—流动曲线；*b*—黏度曲线

（1）塑性流体：其主要流动特征是存在屈服应力，因此具有塑性体的可塑性质。当受到外力作用时，流体内部的结构可抵挡一定的外力作用而不流动；随外力增加到某一值，流体逐渐被破坏而开始流动。其流变曲线如图2-3所示。然而，这里又存在两种情况：普通 Bingham（宾汉姆）塑性体，其在外应力超过屈服应力开始流动后，流动规律遵循牛顿黏性定律，其流动方程为 $\tau = \tau_0 + \eta\gamma$；非线型 Bingham（宾汉姆）流体，外力作用下物体开始流动后，其流动行为并不遵循牛顿黏性定律，其剪切黏度随剪切速率发生变化，其流变方程为 $\tau = \tau_0 + K\gamma^n$，这类物体又称为 Herschel-Bulkley（赫巴）流体。塑性流体中屈服应力的存在可归因于流体中某种结构的存在。当应力值小于 τ_0 时，结构能承受有限应力的作用而不引起应变。通常认为，引起这种行为的原因是塑性流体在静止时的内部具有凝胶结构所致，如式（2-1）所示。

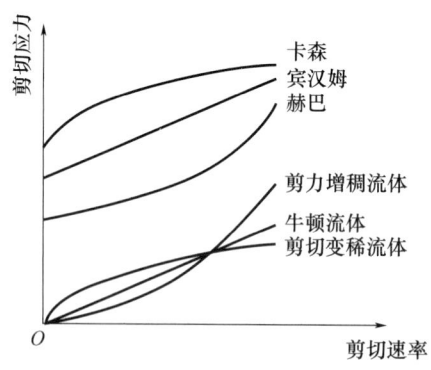

图2-3 常见流体的流变曲线

$$\gamma = \begin{cases} 0 & \tau < \tau_0 \\ (\tau - \tau_0)/\eta & \tau \geq \tau_0 \end{cases} \quad (2\text{-}1)$$

式中 τ_0——屈服应力；

τ——剪切应力；

η——黏度；

γ——剪切速率。

当前,生活中所常见的不挤不流的牙膏和粉刷后"黏得住"的油漆是典型 Bingham 塑性体。如牙膏只有在较大的外力作用后克服其屈服应力,方可开始流动。而油漆在喷涂过程中需具有较小的黏度以提高施工效率,停止施工后又要使其具有远高于自身重力的屈服应力保证其不出现流挂现象。

(2) 假塑性流体[49]:当流速较低时,流体的剪切黏度保持不变,而随剪切速率的增大黏度却降低。其流变曲线方程为:$\tau = k\gamma^n (0 < n < 1)$。由图 2-3 可知,当剪切速率 γ 趋近于 0 时,τ 与 γ 呈现线性关系,黏度趋于常数,称为零剪切黏度 η_0,此区域称为线性区域,其性质与牛顿流体相似。其中零剪切黏度 η_0 是物料的一个重要材料常数,与材料的平均分子量、黏度活化能相关,是材料最大松弛时间的反应。

当剪切速率的增大到某一临界剪切速率 γ_c 时,流体表观黏度随 γ 增大而下降,出现非牛顿性——"剪切变稀"行为。这时曲线上的切线与剪切应力的焦点(τ),与 Bingham 塑性体的屈服点相似,故此区域称为假塑性区域,或称非牛顿流动区/剪切变稀区域。

随剪切速率的进一步增大到无限大时,其剪切黏度会趋于某一定值,称为无穷剪切黏度,此区域称为第二牛顿区。

当前,随着国内外学者研究的不断深入,假塑性流体的方程又得到了进一步的发展,可细分为以下两类:①Ostwald-de Wale 幂律方程,$\tau = k\gamma^{n-1}$(n 为材料的流动指数或非牛顿指数,在假塑性流体中 n 值偏离 1 的程度越大,表明材料的假塑性程度越高;n 与 1 之差反映材料非线性的强弱),其主要集中在 $10 \sim 10^3$ 的剪切速率范围内;②Carrean 方程,$\tau = \dfrac{a}{(1 + b\gamma)^c}$,与幂律方程相比,其具有更广的利用范围。

(3) 胀塑性流体[50]:γ 较低时,流动行为基本同牛顿型流体;γ 超过某一个临界值后,剪切黏度随 γ 增大而增大,呈剪切变稠效应,流体表观"体积"略有膨胀,故称胀塑性流体。众所周知,材料的黏度与其内部结构的改变息息相关,故可猜测在剪切增稠发生时,其流体内部势必形成了某些结构。常见的材料如:泥沙、沥青以及聚氯乙烯塑料溶液等。

3) 黏弹性流体[51]

在外力作用下,不仅产生黏性流动同时也会发生弹性变形的流体。此类流体的流动特性比较复杂,流动时所表现的黏性形变是不可恢复的,消耗能量;弹性形变可以恢复且可储存能量,当形变恢复时能量还原。当前,黏弹性流体往往通过本构方程对其进行介绍。本构方程,又称状态方程,是描述一大类材料所遵循的与材料结构属性相关力学响应规律的方程。不同材料以不同本构方程表现其最重要物性。不同本构方程实质上是研究各自材料性质的基础理论的最基本出发点。对于流变学而言，寻求能够正确描述非线性黏弹性响应规律的本构方程无疑为其最重要的中心任务，也是建立材料流变学理论的基础。

为了进一步理解材料的流变性，国内外学者通过各种串联及并联的方式将基本的弹性、黏性以及塑性元件联合起来，研究外界条件下的弹、塑、黏的转变。其中弹性元件代表胡克体，黏性元件代表牛顿体，塑性元件代表圣维南体。

弹性元件，一般用弹簧表示（图2-4），其 $\tau = E\varepsilon$（其中 τ 为拉应力，ε 表示伸长），E 既可为杨氏弹性模量（正应力）亦可是剪切弹性模量（剪应力），其应力与应变一一对应。

黏性元件，用黏壶表示（图2-5），一个带孔的活塞在充满牛顿流体的圆筒内运动，其 $\tau = K\varepsilon$（其中 τ 为拉应力，ε 表示伸长），K 是与黏性有关的常量。在应力作用下，黏性元件没有瞬时应变。

塑性元件，如图2-6所示，用固结于杆A的滑块来表示，与杆B之间有摩擦力，其最大值为 f，当拉力 τ 小于 f 时，伸长 $\varepsilon = 0$；当 τ 达到 f 时，ε 可为任意值，直到无限大。这样，只要塑性元件发生形变，总有 $\tau = f$。

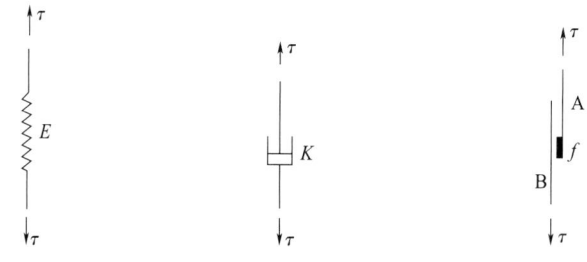

图2-4　弹性元件　　　图2-5　黏性元件　　　图2-6　塑性元件

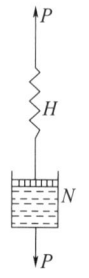

图2-7　马克斯韦尔体模型

马克斯韦尔体（图2-7），由胡克弹簧和牛顿黏壶串联而成，是属于液态的黏弹性体，即由弹性体和黏性体两种成分组成的聚集体中，弹性成分埋在连续的黏性成分之中，其结构式为 $M = H—M$。因弹性颗粒彼此不相接触，所以当物体承受外力时，分布在弹性体和黏性体上的应力是相等的，而由于两者产生的应变很不相同，所以其总应变必然为两者之和。

采用马克斯韦尔模型能描述材料在稳态简单剪切流场中的流动，但模型的描述很有限。实际上它只能描述具有常数黏度 η_0 的牛顿流体的黏性行为，在剪切速率极低的情况下的流动状态也可用该模型近似描述[52]。对于非牛顿流体在一般流场中的非线性黏弹行为，马克斯韦尔模型也无能为力。

凯尔文体属于固态黏弹性体（图2-8），其结构式为：K = H | M，即由弹性体两种成分组成的聚集体中，弹性成分形成骨架，黏性成分填充在骨架构成的空隙之中。在承受外力作用时，骨架和黏性体分受应力。在骨架发生变形的同时，黏性体也流动，一方面消耗部分能量，另一方面推迟骨架的变形。说明固相与液相两者变形相等而总的应变则为两者应力的相加。

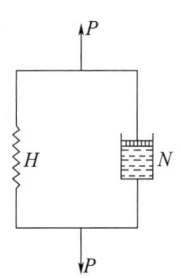

图2-8 凯尔文体模型

4）触变性流体

高活性导致了流体流变学的特殊性——触变性[53-56]。触变性指在剪切应力保持一定时，表观黏度将随剪切应力作用的持续时间而减小，剪应变速率将不断增加。或者，当剪应变速率保持不变时，剪应力将逐渐下降，具有这种性质的材料统称为触变性材料。触变性材料在承受一段时间的剪应力而减少其表观黏度后（如除去外力后，物体已变小的表观黏度又会逐渐得到恢复）。与触变相反的性质称为反触变性，是指材料在剪切应力的持续作用下表观黏度随时间而增长。然而，值得注意的是，触变性材料并不等同于假塑性材料。其中假塑性材料是表观黏度因剪切应力的增加而减少，而触变性材料的表观黏度随剪切应力作用的持续时间而减小；与此相似的是，胀塑性流体与反触变性物体也存在此类误区。触变性主要有正触变与负触变两类。正触变性流体在外力作用下其黏度随时间的延长而减小，其原理如图2-9所示。颗粒相互作用力（水泥浆中的胶体相互作用）确定每个颗粒的势能，如图2-9（a）所示（即，对于每个能量最小的颗粒，存在平衡位置）。只要给予系统的能量ΔE低于给定值，颗粒就不会很好地离开［图2-9（b）］。当施加的应力或应变停止时，颗粒返回其初始位置（弹性固体行为）。然而，如果给

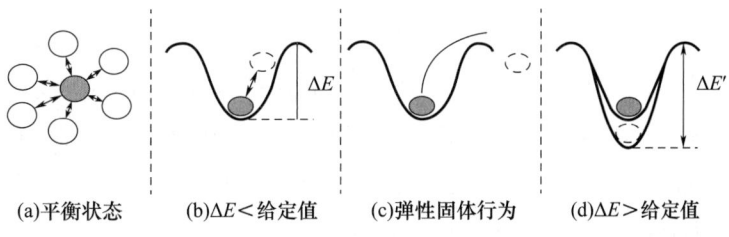

(a)平衡状态　　(b)ΔE＜给定值　　(c)弹性固体行为　　(d)ΔE＞给定值

图2-9 材料触变物理解释[53-56]

予系统的能量高于给定值,则粒子能够很好地保留该势能[图2-9(c)]并且发生流动(屈服应力行为)。在系统显示触变行为的情况下,由于布朗运动和胶体相互作用的可能演变,潜在能量的深度随着时间的推移而增加,新拌浆体流动性降低,可塑性消失。

2.3 混凝土新拌浆体流变学

20世纪40至50年代,流变学理论与混凝土相结合促进了新拌混凝土浆体流变学的发展,成为了科学研究水泥混凝土工作性的关键性转折。与其他非牛顿流体相似,水泥混凝土是一种骨料与水泥浆体颗粒构成的多分散尺度固液悬浮体系。非活性骨料分散在活性净浆中、活性固体颗粒悬浮分散在分散液中。与常规惰性悬浮分散体系不同,由于混凝土活性组分的水化作用,新拌浆体是一种具有反应活性的悬浮分散体系。新拌浆体在初始阶段为黏塑性流体,随着活性组分的反应进行,浆体逐渐丧失流动性、缓慢凝结演变为具有一定黏弹性的半固体直至固体。这一黏—塑—弹性演变对新拌浆体的工程表现就反映在工作性上。在整个施工过程中,均要求其具备良好的工作性。因此,国内外学者早在20世纪40至50年代就将流变学理论引入到水泥混凝土领域,深入开展对新拌浆体流变特性的研究,是从科学意义上明确混凝土工作性好坏的关键所在。

2.3.1 流变模型

目前,新拌浆体流变学已成为研究混凝土必不可少的一门科学,影响着混凝土的各项性能。准确的流变模型是量化新拌浆体流变参数的前提,表征不同浆体的流变特性。Bingham模型和Herschel-Bulkle模型已广泛应用于水泥基新拌浆体的流变特性表征,反映施工性能,为实际施工过程提供指导。然而,与传统普通硅酸盐水泥不同,地质聚合物的流变模型受活性硅铝酸盐和化学激发剂的多元性的影响,呈现不同的趋势:Puertas等[57]研究不同激发剂对地质聚合物新拌浆体流变特性曲线的影响,实验结果表明,NaOH单独激发或者NaOH与Na_2CO_3复合激发的新拌浆体,其流变特性曲线与Bingham模型符合。而Na_2SiO_4激发剂新拌浆体其流变体系曲线与Herschel-Bulkle的匹配度受SiO_2/Na_2O以及Na_2O含量的影响。这与Palacios等[58-59]的实验结果一致。由此可知,地质聚合物新拌浆体的流变特性曲线与其激发剂的种类与组成有着密不可分的关系。

近年来，地质聚合物的流变模型的匹配程度是通过同轴圆筒式流变仪建立剪切应力（τ）与剪切速率（γ）的函数关系，并与现有的流变模型进行拟合，得出 R^2，进而得出最终的结论。虽然用于测量水泥浆的流变仪和混凝土流变仪的结构很相似，然而净浆体材料中的固体颗粒粒径很小，流变仪内外圆筒间距很窄，可以近似认为流体的剪切速率在两者之间线性分布，所以能够比较容易推导出其流变模型。相比之下，测量砂浆和混凝土的流变仪的内外筒间距较大，且转速较低，这些结构和使用条件上的差异都给研究混凝土材料的流变性能带来了巨大的困难。本节以碱激发粉煤灰为例，从水灰比、激发剂种类与掺量出发，阐明地质聚合物净浆的新拌浆体流变模型与 Bingham（$\tau = \tau_0 + \eta\gamma$，$\tau_0$ 为屈服压力，Pa；η 为塑性黏度，Pa·s。）以及 Herschel-Bulklem（$\tau = \tau_0 + m\gamma^n$，$\tau_0$ 为屈服应力；m 为一致性系数；n 为幂指数，代表了偏离牛顿定流体的流变行为的程度。当 $n<1$，浆体呈现剪切稀化现象；$n>1$，浆体先发生剪切稀化后出现剪切增稠的现象）模型的匹配程度。

2.3.2 流变模型的影响因素

如图 2-10 所示，在相同 $W/B = 0.5$ 的条件下，随着 AA/B（碱性激发剂与胶凝材料的比例）的增加，新拌浆体的剪切应力-剪切速率曲线与 Binham 模型的 R^2 由 0.984 降低到 0.962，而与 Herschel-Bulkey 模型的匹配程度逐渐增加。同时随着反应时间的延长，新拌浆体的流变模型仍以 Herschel-Bulkey 模型为主。结合图 2-11 可知，W/B 的增加并未改变新拌浆体流变模型，仍以 Herschel-Bulkey 模型为主。由上述可知，粉煤灰/矿粉-氢氧化钠激发体系新拌浆体的流变模型以 Herschel-Bulkey 模型为主。

当水玻璃溶液作为化学激发剂时，粉煤灰基地质聚合物新拌浆体的流变曲线模型拟合结果随其激发剂掺量增加差距逐渐增大，HB 模型与实验结果拟合程度较高。在 AA/B 及 W/B 相同的情况下，水玻璃溶液激发剂 Ms 的差异性导致了新拌浆体流变曲线实验结果与模型的匹配程度的差异性。高模数的激发剂情况下，Bingham 模型匹配程度较低，相关系数仅为 0.872。随模数降低，Bingham 模型的相关系数逐渐增大，但仍小于 HB 模型。在 AA/B 及 Ms 相同的情况下，不同 W/B 的地质聚合物新拌浆体流变曲线与 HB 模型的相关系数较大。因此，HB 模型可较好地描述地质聚合物新拌浆体的工作性。

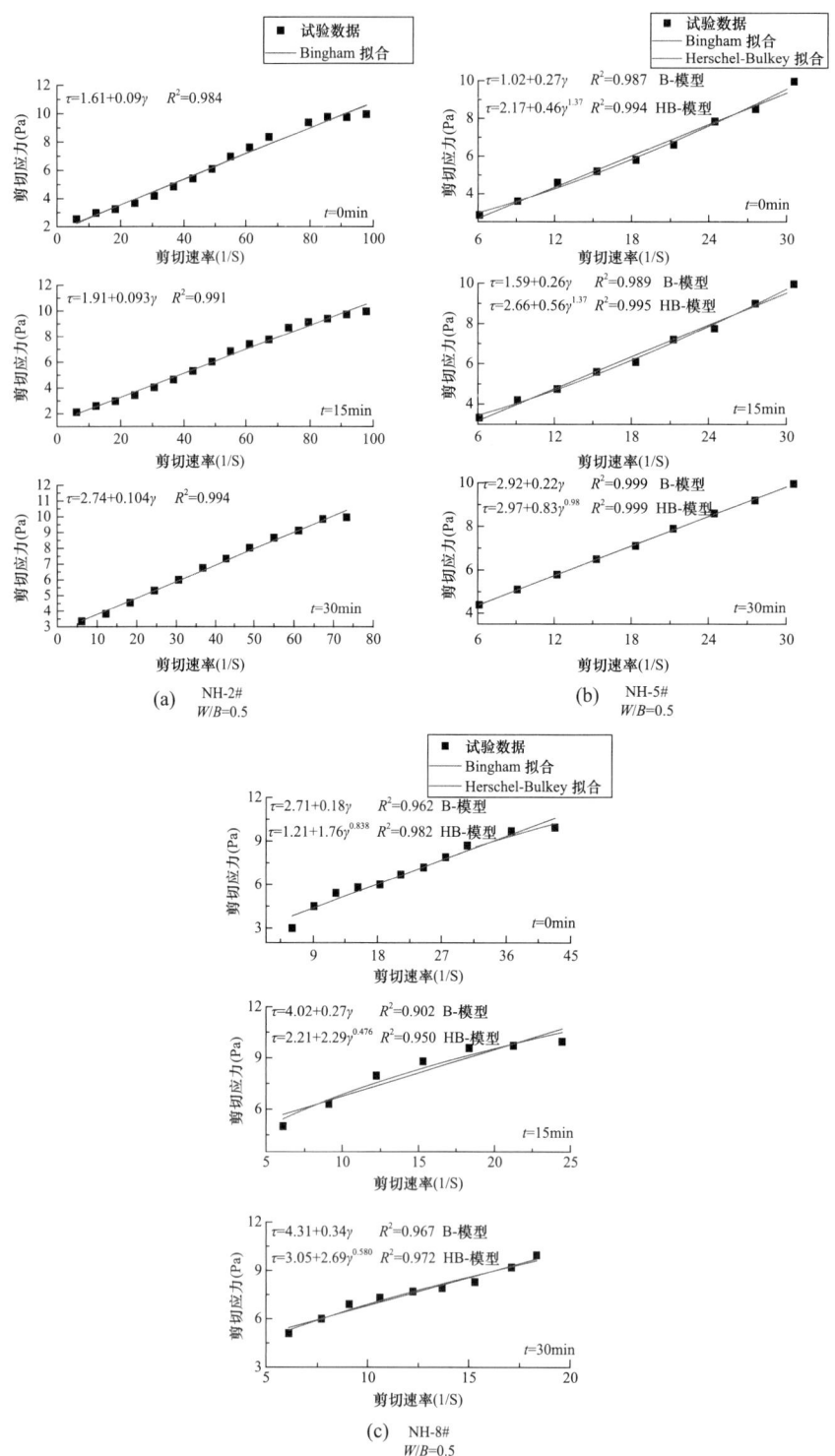

图 2-10　不同激发剂掺量下地质聚合物新拌浆体流变模型的拟合结果

（NH-2#：4% NaOH 质量分数,%，NH-5#：10% NaOH 质量分数,%，
NH-8#：16% NaOH 质量分数,%）

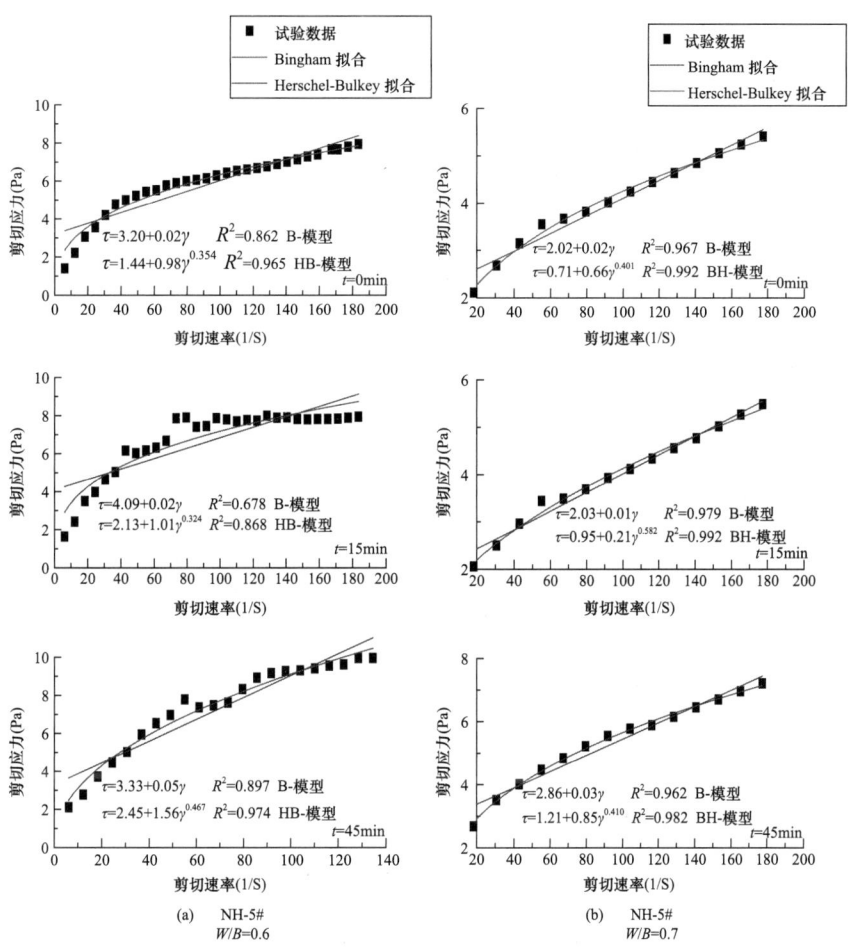

图 2-11　不同水胶比下地质聚合物新拌浆体流变模型的拟合结果

尽管 Herschel-Bulkey 模型和 Bingham 模型是混凝土领域广泛使用的流变模型，然而 Yahia 等研究发现，当采用 HB 模型对试验数据拟合时，如果是剪切增稠的话，HB 模型流变曲线的斜率为 0，则根据试验数据拟合得到的屈服应力 τ_0 要比其他任何斜率不为零模型的计算结果要高，换而言之，这种情况下 HB 模型预测的屈服应力值高于流体真正的屈服应力，而在剪切变稀的条件下，HB 模型预测的屈服应力值低于流体真正的屈服应力。此外，在剪切速率趋向于零时，根据 HB 模型计算得到的表观黏度也存在类似的问题。对于同一组流变试验数据，采用 Modified Bingham（$\tau = \tau_0 + \eta\gamma + c\gamma^2$，其中 c 为二阶项，用来表示流体的流变特性偏离线性的程度，$c>0$ 表示剪切增稠，$c<0$ 表示剪切稀化，$c=0$ 即为 Bingham 模型）模型估算出的屈服应力值总是介于 HB 模型和 Bingham 模型的屈服应力值之间，更接近材料真实的屈服应力（图 2-12、图 2-13）。

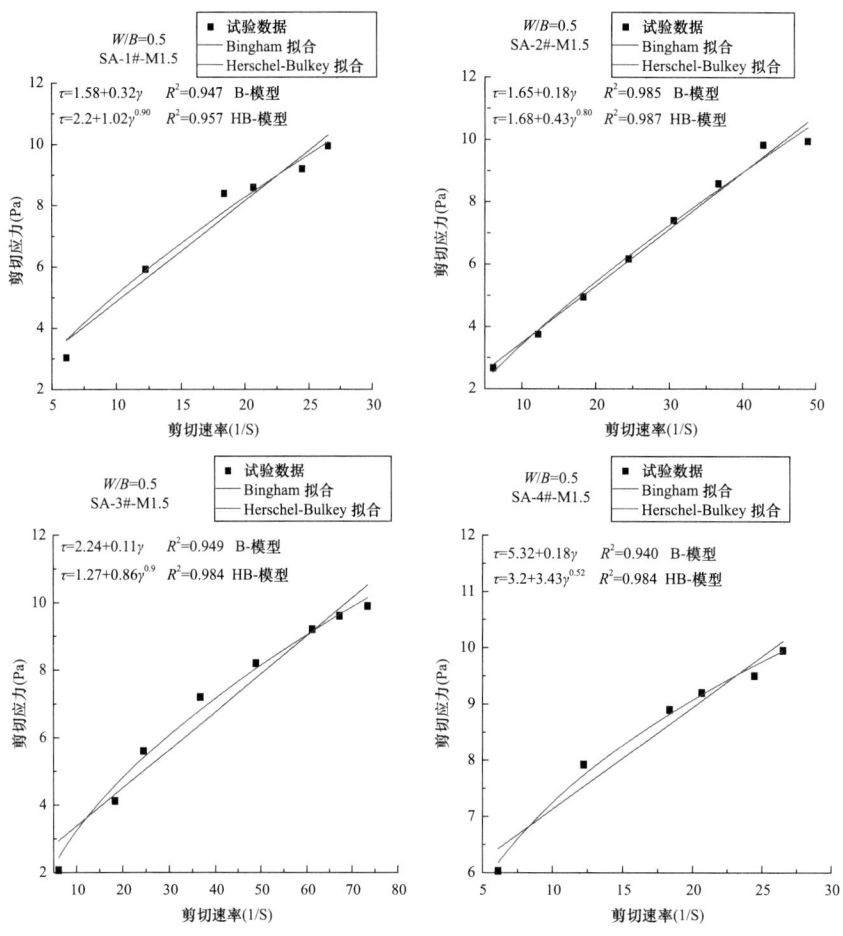

图 2-12　不同水玻璃激发剂掺量下地质聚合物新拌浆体流变模型的拟合结果
（SA-1#：5%水玻璃质量分数,%，SA-2#，15%水玻璃质量分数,%
SA-3#：30%水玻璃质量分数,%，SA-4#，45%水玻璃质量分数,%）

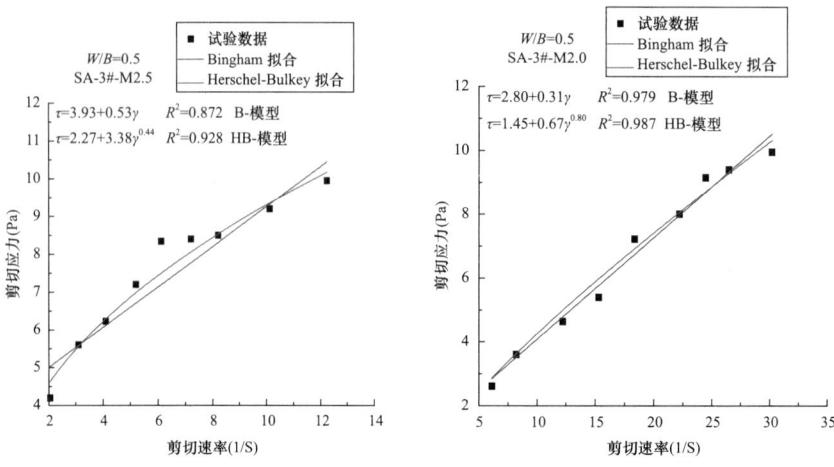

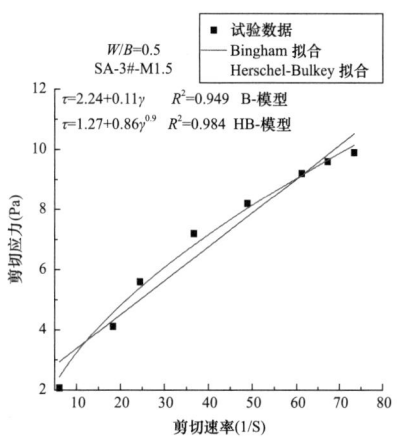

图 2-13　不同水玻璃激发剂模数下地质聚合物新拌浆体流变模型的拟合结果

2.4　新拌浆体流变参数

目前在工程上实际使用的简单有效判断水泥混凝土流变性能的参数是净浆砂浆流动度以及混凝土的坍落度试验。从科学研究的角度来讲，具有明确物理意义的流变参数为塑性黏度 η（也常用 μ 表示）与屈服应力 τ_0，二者的测定可以从微观结构角度深层次地探索新拌浆体的流变性本质。

新拌浆体流变学理论认为[60-63]，屈服应力主要由浆体内部颗粒间内聚力以及静摩擦力引起，反映了浆体结构网络中颗粒接触点的数目和强度以及内聚力的大小。内聚力大小取决于颗粒形状、大小及数目。接触点增加，几何约束作用加强，静摩擦力和内聚力均增加，屈服应力增大。塑性黏度为反映新拌水泥浆体宏观流变性能的另一关键参数，本质在于浆体内部微结构对宏观流动的阻碍作用，即浆体流动过程中在平行流动方向各流层之间产生与流动方向相反阻力的结果，反映了浆体变形的速度。阻力来源于浆体颗粒内聚力和动摩擦力（介质）。在新拌水泥浆中，颗粒间的内聚力主要为范德华引力与静电力。水泥颗粒遇水后，矿物水解、表面荷电，在范德华引力与静电引力下发生凝结聚沉，形成絮凝结构[63]。Flatt 和 Kauppi 等人通过建模计算这些力来预测水泥浆的塑性黏度和屈服应力[64-65]。同时，作为一具有反应活性的悬浮分散体系，水泥颗粒的水化对流变性有显著影响。随着水泥水化进行，体系中分散介质水的含量降低，大量水化产物的生成使得网络结构中颗粒接触点增加、强度增大，体系屈服应力与塑性黏度均增大。Rößler C. 等人定性定量地表征水泥水化、微观结构和水泥比表面积变化时发现，在水化过程中，随着颗粒形态不对称性的增加（从球形到杆状）悬浮液的黏度增加而屈服应力值降低[66]。

2.4.1 测量仪器

1）流动性

在工程中，通常采用大截锥圆模测试混凝土的坍落度进行混凝土的流动性评价，采用小截锥圆模测试浆体的扩展度进行浆体的流动性评价（图2-14）。国内外学者已对扩展度与屈服应力的关系进行了深入的研究：通常情况下假定截锥圆模的新拌试样可以分为两个部分。在临界流动高度以上，混凝土内部所受剪切应力小于混凝土本身的屈服应力，混凝土不发生流动；在临界流动高度以下，由混凝土自重产生的剪切应力大于混凝土本身的屈服应力，混凝土会发生流动，混凝土试样的高度随之改变，直到混凝土每个部分所受的剪切应力均小于屈服应力为止。基于这个假设，Murata 得到了截锥圆模试样的最后高度和屈服应力的关系，这个关系并不依赖试验试模的尺寸[67]。同时 Schowalter 等建立了锥形模试验时最后高度和屈服应力的关系[68]，Pashias 等建立了圆柱模试验时最后高度和屈服应力的关系[69]。Clayton 等[70]，Saak 等[71]通过试验很好地证明了这些关系的实用性，以上的假设建立了坍落度和屈服应力的关系。流变参数不仅决定了材料最终的流动状态，同时还决定了材料在流动过程中的流动速度。对于流动性能较好的水泥浆，通常采用测定规定体积的材料流尽马氏漏斗（图2-15）所需时间评价其流动性[72]。

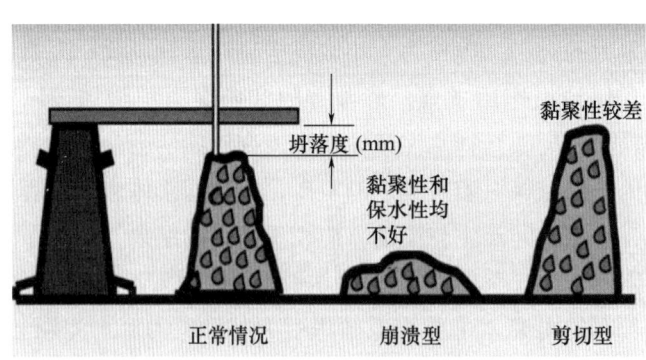

图 2-14 大截锥圆模混凝土坍落度筒

2）流变性

为了量化混凝土的流变特性，国内外学者往往通过测量其浆体的屈服应力与塑性黏度。目前大多数研究混凝土材料流变所使用的流变仪（或黏度计）都采用同轴圆筒式结构。该仪器由内外两个同轴的圆筒构成，测量时把混凝土填满两个圆筒之间的环形空间，然后保持其中一个

图 2-15 小截锥圆流动度测量筒——马氏漏斗

圆筒静止不动，让另一个圆筒旋转，通过改变转速来测量扭矩值。同轴圆筒流变仪又可以分为两类：一种是外筒旋转，测量外筒转速及内筒所受扭矩，称作 Couette 型流变仪；另一种是内筒旋转，同时测量内筒转速和所受扭矩，称为 Searle 型流变仪，如图 2-16 所示。流变仪的几何构造，特别是转子（或内筒）与外筒的间距、转子的形状等因素对测量结果有很大的影响。国际上曾于 2000 年和 2003 年分别用多种类型的混凝土流变仪对同一混凝土拌和料进行测试[73-74]，发现不同的混凝土流变仪测试结果呈现出相同的规律，但测试结果的绝对值却存在较大的差异，这表明流变仪的几何结构对测量数据有着直接的影响，进而影响流变模型的建立。对于同一混凝土材料来说，其转速-扭矩函数曲线并非唯一，而是会随着流变仪的尺寸变化而改变，可见转速-扭矩函数曲线不能用来表征材料的流变性能。因此需要分别把扭矩和转速转换成与仪器构造无关的基本物理量，即剪切应变 τ 与剪切速率 γ，并建立剪切速率与剪切应变的函数关系（即流变模型）$\tau = f(\gamma)$，以此来表征材料的流变性能[75]。

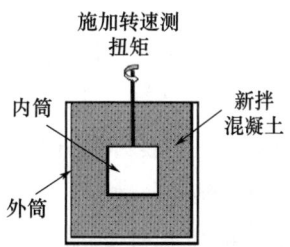

图 2-16 Searle 型同轴圆筒旋转式流变仪的几何构造示意图

如图 2-17 所示为常见的混凝土与新拌浆体的流变测量仪。为了消除触变性对测量的影响，通常混凝土流变仪在测量前需要用最大转速对混凝土拌和物进行数十秒的预剪切，然后按照一定的级差值从大到小逐级降低转速，每一级转速都要保持一定的时间并以一定的采样频率持续记录转速值和内筒所受的扭矩值。由于从高转速级降到低转速级的过程中扭矩和转速信号不稳定，因而舍弃每级转速初始阶段的扭矩和转速数据，对剩余的数据取平均值，也有取最高或者最低的十个点作为该级转速和扭矩值，在获得一系列转速和扭矩值后，绘制扭矩-转速曲线，把它们代入到不同的转换方程[76-78]中，对数据进行拟合，计算材料的剪切应力与剪切速率值，从而了解材料的流变特性。

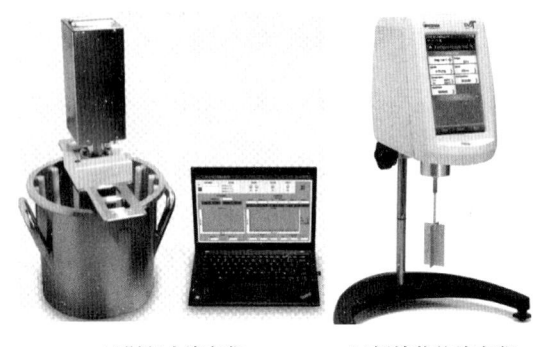

(a)混凝土流变仪　　(b)新拌浆体流变仪

图 2-17　常见的流变仪

2.4.2　流变参数及影响因素

1) 流动度——初始流动度和经时流动度

为探究地质聚合物新拌浆体的流动度规律，国内外学者已经进行了系统的研究：本小节以氢氧化钠和水玻璃作为激发剂，探究其对粉煤灰基地质聚合物新拌浆体流动度的影响。

(1) 初始流动度

试验结果表明，粉煤灰地质聚合物新拌浆体在 $2\% \leqslant AA/B$（碱性激发剂与胶凝材料的质量比）$\leqslant 4\%$ 下，当 W/B（水灰比）$\leqslant 0.5$ 时，新拌浆体流动性较差，均低于 70mm，几乎无流动性；当 $0.5 \leqslant W/B \leqslant 0.6$ 时，新拌浆体流动度有所改善，具有一定的分散性；当 $0.7 \leqslant W/B$ 时，新拌浆体流动度可达 200mm，具有良好的分散性。这一现象与普通硅酸盐水泥新拌浆体相似。作为主要的分散介质，水在地质聚合物新拌浆体中为硅铝酸盐的水解缩聚提供离子转移的介质，具有多种存在形式[79-80]：①物理吸附水，吸附颗粒，润湿表面；②化学结合水[81-82]，大部分存在与地质聚合物凝胶表面的孔径，少量存于 Si 或 Al 羟基/硅烷醇基团中；③反应生成水[83-84]，地质聚合物聚合反应过程中，前驱体间以氧原子的共价结构将末端羟基基团缩聚形成高聚物，释放产物水；④自由水，可自由移动的水，影响着新拌浆体的分散性。同时絮凝结构增加，大量的自由水被包裹，降低新拌浆体可用自由水的含量，其流动度较低。因此，自由水含量和絮凝结构是影响新拌浆体分散性的关键性因素。在任意配合比作用下，只有当自由水含量大于临界值时，方可开始流动。与普通硅酸盐水泥体系相比，地质聚合物新拌浆体具有较高的临界自由水量，可达0.5[85]。尽管，粉煤灰基地质聚合物也会在较低的水胶比的条件下取得较好的流动度[86]。这可能与粉煤灰原材料的粒度以及碱性激发剂的掺量相关。但其仍会存在一个临界自由水量[87]。

当其水胶比高于临界自由水量时，新拌浆体流动度随 AA/B 的增加而明显变化：以 $W/B=0.5$ 为例，当氢氧化钠激发剂掺量介于 $2\% \leqslant AA/B \leqslant 4\%$（低碱性环境）时，新拌浆体流动性较差，不能流动；当 $6\% \leqslant AA/B \leqslant 10\%$（中碱性环境）时，新拌浆体流动性较好，随其掺量的增加而显著提高；当 $10\% < AA/B \leqslant 16\%$（高碱性环境）时，新拌浆体流动度变化幅度较小，基本保持平稳的状态。这可能与新拌浆体的相互作用有关（将在第5章详细介绍）：低掺量激发剂的新拌浆体中，硅铝酸盐的溶出缓慢，颗粒静电斥力较低，颗粒间团聚形成大量的絮凝结构，流动度低。随碱性激发剂掺量的增加，硅铝酸根离子溶出，颗粒表面电负性增加，颗粒间排斥力增大，絮凝结构减少，流动度显著提高。当其掺量达到某一特定值时，大量溶出的铝硅酸根离子会附着在颗粒表面阻止离子进一步溶出，此时颗粒的电负性变化较小，故其流动度变化较低。

（2）经时流动度

与低碱性环境下的粉煤灰基地质聚合物的经时流动度相比，高碱性的新拌浆体其经时流动度的损失速度明显加快。这与其聚合反应历程和产物密不可分。研究表明，地质聚合物反应历程中，颗粒表面生成大量的无定形凝胶结构，构成了颗粒间的桥键，形成了絮凝结构。随着时间的延长，颗粒间的范德华力与静电斥力等物理作用力形成的柔性絮凝结构逐渐被无定形凝胶结构形成的刚性连接取代，流动性降低，浆体由黏性浆体转化为弹性硬化体，导致了新拌浆体失去了流动的塑性形变。

2）屈服应力与塑性黏度

新拌浆体初始屈服应力随 AA/B 的增加显著降低。高掺量的氢氧化钠激发剂可能利于硅铝酸盐矿物的溶出，电荷斥力改变，颗粒间的作用力增强，导致内摩擦力减小，浆体运动阻力降低，导致新拌浆体的屈服应力降低。当 AA/B 一定时，新拌浆体的初始屈服应力随 W/B 增加而快速降低，可能与以下两方面有关。当 AA/B 一定时，高 W/B 地质聚合物新拌浆体硅铝酸盐的溶出随 OH^- 与 Na^+ 浓度的降低显著降低，颗粒间作用力降低；高 W/B 体系中，大量的自由水润湿了颗粒表面，有效地减少了颗粒间摩擦和吸附，从而降低了浆体运动的阻力，屈服应力降低。同样的现象在新拌浆体塑性黏度中也可发现。这可能与高掺量的氢氧化钠激发剂利于硅铝酸盐矿物的溶出，电荷斥力改变，颗粒间的作用力增强，导致浆体絮凝结构打开，塑性黏度降低。关于此内容将在第 5 章进行详细介绍。

随着时间延长，地质聚合物新拌浆体的屈服应力与塑性黏度呈现增长的趋势。当 W/B 一定时，地质聚合物新拌浆体屈服应力和塑性黏度的增长趋势随 AA/B 增加而上升。然而，当 $AA/B>12\%$ 时，地质聚合物新拌浆体的屈服应力和塑性黏度随时间变化增长缓慢。当 AA/B 一定时，高 W/B 的新拌浆体一方面具有低的屈服应力和塑性黏度等流变参数，另一方面延缓了其随时间的增长速率。与普通硅酸水泥相似，随 W/B 增加，粉煤灰/矿粉-氢氧化钠激发体系新拌浆体中含有大量的自由水，浆体分散性良好，屈服应力和塑性黏度等流变参数较低，具有良好的工作性能。然而，粉煤灰/矿粉-氢氧化钠激发体系新拌浆体随 AA/B 的变化较为复杂：随 AA/B 的增加，新拌浆体初始的流变参数减小，流动度增加，利于工作性的提高；随时间的延长，当 $AA/B>12\%$（高碱性环境）时，新拌浆体的流动度保持性较好，流变参数的增长速率较慢。尽管当前 NaOH 掺量和水玻璃模数的改变可实现地质聚合物工作性的提升，降低了其屈服应力和塑性黏度，有利于其新拌浆体的调控，但激发剂的优化并不能满足实际应用需求。

2.5　总结

地质聚合物混凝土因其优异的力学性能和耐久性已得到广泛的应用。然而，实际生产制造过程仍存在工作性不稳定的问题，阻碍其大规模商品化的应用和发展。作为第三代高效减水剂，聚羧酸减水剂是当前改善新拌浆体工作性的重要调节手段，可通过其静电斥力与空间位阻效应的作用，有效破坏水泥新拌浆体中团簇结构。然而，聚羧酸高效减水剂对碱激发胶凝材料的作用效果仍存在巨大的争议，尤其是其聚羧酸减水剂分子结构的稳定性是未来仍需努力的一个重要方向。

参考文献

[1] 韩小华. 基于工作性的混凝土配合比设计方法研究 [D]. 北京：清华大学，2010.

[2] BANFILL P F G, TEIXEIRA M A O M, CRAIK R J M. Rheology and vibration of fresh concrete: Predicting the radius of action of poker vibrators from wave propagation [J]. Cement & Concrete Research, 2011, 41 (9): 932-941.

[3] YEN T, TANG C W, CHANG C S, et al. Flow behaviour of high strength high-performance concrete [J]. Cement & Concrete Composites, 1999, 21 (5-6): 413-424.

[4] 王启宏. 材料流变学 [M]. 北京: 中国建筑工业出版社, 1985.

[5] 吴其晔, 巫静安. 高分子材料流变学 [M]. 北京: 高等教育出版社, 2002.

[6] WALTERS K. Rheometry [M]. London: Chapman and Hall Ltd., 1975.

[7] KOHOUT J. A simple relation for deviation of grey and nodular cast irons from Hooke's law [J]. Mater Sci. Eng., 2001, A313: 16-23.

[8] RAJABI K, HOSSEINI-HASHEMI S. On the application of viscoelastic orthotropic double-nanoplates systems as nanoscale mass-sensors via the generalized Hooke's law for viscoelastic materials and Eringen's nonlocal elasticity theory [J]. Compos. Struct, 2017, 180: 105-115.

[9] 董红星. 瞬态层流流动过程中牛顿流体的非牛顿效应 [J]. 哈尔滨工程大学学报, 1996, 17 (4): 27-31.

[10] 顾培韵, 潘勤敏, 孙建中, 等. 黏弹性流体流变特性的研究 [J]. 浙江大学学报 (工学版), 1994, (1): 88-93.

[11] 李凤臣. 黏弹性流体基纳米流体流变学物性研究 [D]. 哈尔滨: 哈尔滨工业大学, 2013.

[12] BARNES H A, HUTTON J F, WALTERS K. An introduction to Rheology [M]. Elsevier, 1989.

[13] JIAO D, SHI C, YUAN Q, et al. Effect of constituents on rheological properties of fresh concrete-A review [J]. Cem. Concr. Compos., 2017, 83: 146-159.

[14] 袁龙蔚. 流变学概论 [M]. 上海: 科学技术出版社, 1961.

[15] REINER M. 理论流变学讲义 [M]. 郭友中, 等译, 北京: 科学出版社, 1965.

[16] 黄大能, 王复生. 减水剂对矿渣水泥浆体流变性的影响 [J]. 混凝土, 1983, 3: 18-24.

[17] 黄大能, 谢尧生. 新拌混凝土的流变概念 [J]. 硅酸盐学报, 1984, 3: 35-39.

[18] 黄大能. 流变学与泵送混凝土 [J]. 混凝土与水泥制品, 1992, 1: 4-6.

[19] FANG D, ZHOU C, LIU G, et al. Effects of ionic liquids and thermal annealing on the rheological behavior and electrical properties of poly (methyl methacrylate) / carbon nanotubes composites [J]. Polymer, 2018, 148: 68-78.

[20] MOSKOVA D J, JANIGOVA I, NOGELLOVA Z, et al. Prediction of compatibility of organomodified clay with various polymers using rheological measurements [J]. Polym Test, 2018, 69: 359-365.

[21] REINOSO D, MARTIN-ALFONSO M J, LUCKHAM P F, et al. Rheological characterisation of xanthan gum in brine solutions at high temperature [J]. Carbohyd Polym, 2019, 203: 103-109.

[22] SKIADOPOULOS A, NEOFYTOU P, HOUSIADAS C. Comparison of blood rheological models in patient specific cardiovascular system simulations [J]. J. Hydrodyn, 2017, 29 (2): 293-304.

[23] FARSACI F, TELLONE E, RUSSO A, et al. Rheological properties of human blood in the network of non-equilibrium thermodynamic with internal variables by means of ultrasound wave perturbation [J]. J. Mol. Liq., 2017, 231: 206-212.

[24] BANDEY H L, CERNOSEK R W, LEE W E, et al. Blood rheological characterization using the thickness-shear mode resonator [J]. Biosens Bioelectron, 2004, 19 (12): 1657-1665.

[25] BERNAERTS T M M, KYOMUGASHO C, VAN LOOVEREN N, et al. Molecular and rheological characterization of different cell wall fractions of Porphyridium cruentum [J]. Carbohydr Polym, 2018, 195: 542-550.

[26] NEWTON J M, VLAHOPOULOU J, ZHOU Y. Investigating and modelling the effects of cell lysis on the rheological properties of fermentation broths [J]. Biochem Eng. J., 2017, 121: 38-48.

[27] BIZJAK D A, JUNGEN P, BLOCH W, et al. Cryopreservation of red blood cells: Effect on rheologic properties and associated metabolic and nitric oxide related parameters [J]. Cryobiology, 2018, 84: 59-68.

[28] FARNO E, BAUDEZ J C, PARTHASARATHY R, et al. Impact of thermal treatment on the rheological properties and composition of waste activated sludge: COD solubilisation as a footprint of rheological changes [J]. Chem. Eng. J., 2016, 295: 39-48.

[29] BAUDEZ J C, SLATTER P, ESHTIAGHI N. The impact of temperature on the rheological behaviour of anaerobic digested sludge [J]. Chem. Eng. J., 2013, 215-216: 182-187.

[30] AGODA-TANDJAWA G, DIEUDE-FAUVEL E, GIRAULT R, et al. Using water activity measurements to evaluate rheological consistency and structure strength of sludge [J]. Chem. Eng. J., 2013, 228: 799-805.

[31] ZHANG J, CHEN X P, ZHANG D, et al. Rheological behavior and viscosity reduction of heavy crude oil and its blends from the Sui-zhong oilfield in China [J]. J. Pet. Sci Eng., 2017, 156: 563-574.

[32] SUN H, LEI X, SHEN B, et al. Rheological properties and viscosity reduction of South China Sea crude oil [J]. J. Energ. Chem., 2018, 27 (4): 1198-1207.

[33] MIRONOVA M V, ILYIN S O. Effect of silica and clay minerals on rheology of heavy crude oil emulsions [J]. Fuel, 2018, 232: 290-298.

[34] SOARES B G, RIANY N, SILVA A A, et al. Dual-role of phosphonium – Based ionic liquid in epoxy/ MWCNT systems: Electric, rheological behavior and electromagnetic interference shielding effectiveness [J]. Eur. Polym. J, 2016, 84: 77-88.

[35] KOLLAMARAM G, HOPKINS S C, GLOWACKI B A, et al. Inkjet printing of

paracetamol and indomethacin using electromagnetic technology: Rheological compatibility and polymorphic selectivity [J]. Eur. J. Pharm Sci., 2018, 115: 248-257.

[36] MA G, SUN J, WANG L, et al. Electromagnetic and microwave absorbing properties of cementitious composite for 3D printing containing waste copper solids [J]. Cem. Concr. Compos., 2018, 94: 215-225.

[37] TAKAHASHI T, FUJITA N. Thermal and rheological characteristics of mutant rice starches with widespread variation of amylose content and amylopectin structure [J]. Food Hydrocolloids, 2017, 62: 83-93.

[38] WANG Y, YE F, LIU J, et al. Rheological mature and dropping performance of sweet potato starch dough as influenced by the binder pastes [J]. Food Hydrocolloids, 2018, 85: 39-50.

[39] ZOU Y, VAN BAALEN C, YANG X, et al. Tuning hydrophobicity of zein nanoparticles to control rheological behavior of Pickering emulsions [J]. Food Hydrocolloids, 2018, 80: 130-140.

[40] YAHIA A, KHAYAT K H. Analytical models for estimating yield stress of high-performance pseudoplastic grout [J]. Cement & Concrete Research, 2001, 31 (5): 731-738.

[41] FLATT R J, BOWEN P. Yield Stress of Multimodal Powder Suspensions: An Extension of the YODEL (Yield Stress MODEL) [J]. Journal of the American Ceramic Society, 2010, 90 (4): 1038-1044.

[42] 黄大能. 新拌混凝土的结构和流变特征 [M]. 北京: 中国建筑工业出版社, 1983: 1.

[43] 维亚洛夫. 土力学的流变原理 [M]. 北京: 科学出版社, 1987: 5.

[44] 吴其晔, 巫静安. 高分子材料流变学 [M]. 北京: 高等教育出版社, 2002.

[45] 黄大能, 沈威. 新拌混凝土的结构和流变特征 [M]. 北京: 中国建筑工业出版社, 1983.

[46] ROUSSEL N. Understanding the Rheology of Concrete. 2011.

[47] 郑应人. 非牛顿液体环空螺旋流的精确解 [J]. 石油学报, 1998, 19 (2): 91-96.

[48] BOGER D V. Demonstration of upper and lower Newtonian fluid behaviour in a pseudoplastic fluid [J]. Nature, 1977, 265 (5590): 126-128.

[49] NAKANISHI H, NAGAHIRO S, MITARAI N. Fluid dynamics of dilatant fluids [J]. Physical Review E Statistical Nonlinear & Soft Matter Physics, 2012, 85 (1): 011401.

[50] ROUSSEL N, OVARLEZ G, GARRAULT S, et al. The origins of thixotropy of fresh cement pastes [J]. Cement & Concrete Research, 2012, 42 (1): 148-157.

[51] 江体乾. 化工流变学 [M]. 上海: 华东理工大学出版社, 2004.

[52] 顾培韵, 潘勤敏. 黏弹性流体流变特性的研究 [J]. 浙江大学学报: 自然科学版, 1994, 28 (1): 88-93.

[53] HU C, LARRARD F D. The rheology of fresh high-performance concrete [J]. Cement & Concrete Research, 1996, 26 (2): 283-294.

[54] LARRARD F D, FERRARIS C F, SEDRAN T. Fresh concrete: A Herschel-Bulkley material [J]. Materials & Structures, 1998, 31 (7): 494-498.

[55] RAFFI SAHUL. A Review of: Rheometry of Pastes, Suspensions, and Granular Materials: Applications in Industry and Environment [J]. Advanced Manufacturing Processes, 2005, 21 (8): 934-934.

[56] ROUSSEL N. A thixotropy model for fresh fluid concretes: Theory, validation and applications [J]. Cement & Concrete Research, 2006, 36 (10): 1797-1806.

[57] PUERTAS F, VARGA C, ALONSO M M. Rheology of alkali-activated slag pastes. Effect of the nature and concentration of the activating solution [J]. Cement and Concrete Composites, 2014, 53: 279-288.

[58] PALACIOS M, PuertAS F, BANFILL P. Effect of Organic Admixtures on Activation Process, Rheological and Mechanical Properties and Durability ofAlkali-Activated Slag Pastes and Mortars [C] // 8th CanMET/ACI International Conference on Superplasticizers and Other Chemical Admixtures in Concrete, Aci Special Publication, 2015.

[59] PALACIOS M, BANFILL G, PUERTAS F. Rheology and setting of alkali-activated slag pastes and mortars: Effect if organic admixture [J]. ACI Materials Journal. 2008, 105 (2): 140-148.

[60] FLATT R J. Towards a prediction of superplasticized concrete rheology [J]. Materials and Structures, 2004, 37 (5): 289-300.

[61] MORRIS J F. A review of microstructure in concentrated suspensions and its implications for rheology and bulk flow [J]. Rheologica Acta, 2009, 48 (8): 909-923.

[62] STRUBLE L, SUN G K. Viscosity of Portland cement paste as a function of concentration [J]. Advanced Cement Based Materials, 1995, 2 (2): 62-69.

[63] POWERS T C. The properties of fresh concrete [M]. Wiley, New York, 1969.

[64] FLATT R J. Dispersion forces in cement suspensions [J]. Cement and Concrete Research, 2004, 34 (3): 399-408.

[65] KAUPPI A, BANFILL P F G, BOWEN P, et al. Improved superplasticizers for high performance concrete [C]. Proceedings of the 11th International Congress on the Chemistry of Cement, New Dehli, India, 2003, 2 (LTP-CONF-2003-001): 8.

[66] RÖßLER C, EBERHARDT A, KUČEROVÁ H, et al. Influence of hydration on the fluidity of normal Portland cement pastes [J]. Cement and Concrete Research, 2008, 38 (7): 897-906.

[67] MURATA J. Flow and deformation of fresh concrete [J], Materiaux et Construction, 1984, 17 (2): 117-129.

[68] SCHOWALTER W R, G Christensen, Toward a rationalization of the slump test for fresh concrete: Comparisons of calculations and experiments [J], Journal of rheolo-

gy, 1998, 42 (4): 865-870.

[69] PASHIAS N, D V BOGER, J SUMMERS, et al. A fifty-cent rheometer for yield stress measurements [J]. Journal of rheology, 1996, 40 (6): 1179-1189.

[70] CLAYTON S, T G Grice, D V BOGER. Analysis of the slum test for on-site yield stress measurement of mineral suspensions [J]. International journal of mineral processing. 2003, 70 (1-4): 3-21.

[71] SAAK A W, JENNINGS H M, SHAH S P. A generalized approach for the determination of yield stress by slump and slump flow [J]. Cement Concrete Research, 2004, 34 (3): 363-371.

[72] 欧阳剑. 新拌水泥乳化沥青胶浆流变性能研究 [D]. 哈尔滨：哈尔滨工业大学, 2015.

[73] BANFILL P, BEAUPRÉ D, CHAPDELAINE F, et al. Comparison of concrete rheometers: International test at lcpc (Nantes, France) in october, 2000 [R]. Ferraris C F, Brower L E, National Institute of Standards and Technology Gaithersburg, MD, USA, 2001.

[74] BEAUPRÉ D, CHAPDELAINE F, DOMONE P, et al. Comparison of concrete rheometers: International tests at MBT (cleveland oh, USA) in may 2003 [R]. Ferraris C F, Brower L E, National Institute of Standards and Technology, 2004.

[75] 刘豫. 新拌混凝土流变的测量、模型及其应用 [D]. 北京：中国建筑材料科学研究总院, 2020.

[76] FEYS D, WALLEVIK J E, YAHIA A, et al. Extension of the reiner-riwlin equation to determine modified bingham parameters measured in coaxial cylinders rheometers [J]. Materials and structures, 2013, 46 (1/2): 289-311.

[77] KOEHLER E P, FOWLER D W. Development of a portable rheometer for fresh portland cement concrete [R]. Austin, Texas, USA: The University of Texas at Austin, 2004: 321.

[78] HEIRMAN G, HENDRICKX R, VANDEWALLE L, et al. Integration approach of the couette inverse problem of powder type self-compacting concrete in a wide-gap concentric cylinder rheometer. Part ii. Influence of mineral additions and chemical admixtures on the shear thickening flow behaviour [J]. Cement and Concrete Research, 2009, 39 (3): 171-181.

[79] SUNGWOO Park, MOHAMMAD Pour-Ghaz. What is the role of water in the geopolymerization of metakaolin? [J]. Construction and Building Materials, 2018, 182: 360-370.

[80] ZUHUA Z, XIAO Y, HUAJUN Z, et al. Role of water in the synthesis of calcined kaolin-based geopolymer [J]. Applied Clay Science, 2009, 43 (2): 0-223.

[81] DUXSON P, LUKEY G C, DEVENTER J S J V. Physical evolution of Na-geopolymer derived from metakaolin up to 1000℃ [J]. Journal of Materials Science, 2007, 42 (9): 3044-3054.

[82] DIMAS D, GIANNOPOULOU I, PANIAS D. Polymerization in sodium silicate solutions: a fundamental process in geopolymerization technology [J]. Journal of Materials Science, 2009, 44 (14): 3719-3730.

[83] PALACIOS M, PUERTAS F, BANFILL P. Effect of Organic Admixtures on Activation Process, Rheological and Mechanical Properties and Durability of Alkali-Activated Slag Pastes and Mortars [M]. Aci Special Publication, 2015.

[84] KHALE D, CHAUDHARY R. Mechanism of geopolymerization and factors influencing its development: a review [J]. Journal of Materials Science. 2007, 42 (3): 729-746.

[85] 张大旺. 地质聚合物新拌浆体流变性, 微结构与界面研究 [D]. 北京: 中国矿业大学 (北京), 2019.

[86] LI H, WANG Z H, ZHANG Y W, et al. Composite application of naphthalene and melamine-based superplasticizers in alkali activated fly ash (AAFA) [J]. Construction and Building Materials, 2021, 297.

[87] 张艳荣. 水泥-化学外加剂-水分散体系早期微结构与流变性 [D]. 北京: 清华大学, 2014.

3 地质聚合物新拌浆体的微观结构

新拌浆体中颗粒所构成的微观结构——絮凝结构的形成与打破被认为是影响流变性的重要因素，结构的形成与打破不仅仅改变体系中颗粒的尺寸分布及形状，也改变了颗粒对水的约束能力，形成絮凝的颗粒会约束更多的水，被颗粒包裹的这部分水完全失去流动性能，无法起到润湿作用，对流变性有着显著的影响。因此，本章从地质聚合物新拌浆体微结构的形成、表征、物理属性以及影响因素等方面进行介绍。

3.1 新拌浆体微结构的形成

地质聚合物新拌浆体是一种随时间发生物理和化学变化的悬浮液，其中大量的固体颗粒分散在激发剂溶液中。当浆体处于静置的状态下，固体颗粒间以及固体颗粒与分散介质间一方面存在着布朗作用力、范德华力、静电斥力或空间位阻力、重力和惯性力等物理作用力[1-4]。布朗作用力是一种随温度变化的作用力，对于小于 $1\mu m$ 的颗粒，布朗力的影响与重力相当，而在较大颗粒时布朗运动可以忽略不计。范德华力源自原子或分子的偶极矩，而静电斥力是由颗粒表面的双电层结构产生的。在较长的分子间距时，范德华力起主导作用，而在短距离的情况下，由重叠电子云吸附层产生的静电斥力占主导作用，对于具有较小 ζ 电势值的水泥浆体，静电斥力不足以克服范德华力。另一方面，作为一种活性多尺度分散体系，与传统惰性悬浮分散体系不同，地质聚合物新拌浆体中的固体颗粒由于其活性硅铝酸盐颗粒在碱性激发剂下的活化作用，新拌地质聚合物是具有反应活性的悬浮分散体系。除上述范德华力与静电斥力等作用力外，硅铝酸盐玻璃体中的化学结构在碱性激发剂环境下受到破坏分解为活性铝氧四面体与活性硅氧四面体两部分[5-7]，释放 Si、Al 酸根基团活性单体，改变颗粒表面电荷，破坏颗粒分散平衡；分散介质中活性单体在颗粒表面易自发形成预聚体结构，增加颗粒间接触位点，平衡状态被打破，颗粒运动受阻；颗粒表面的预聚体结构不断缩聚形成网状结构的凝胶结构，为颗粒间连接提供了可能，限制了颗粒的运动范围。

以水泥新拌浆体的絮凝结构为例，现对絮凝结构的形成过程进行详细介绍，如图 3-1 所示。图 3-1 中在搅拌或剪切刚结束时，水泥颗粒高度分散在悬浮液中，在氢键/离子键和弱的表面相互作用力下[8-9]，水泥颗粒开始发生团聚，形成脆弱的胶体状结构。与此同时，絮凝结构周围会逐渐形成一层水化产物膜，从而使颗粒之间的连接更牢固。如果施加额外的剪切作用力，则形成的膜可能会破裂并且颗粒会再次分离。在这种情况下，未水化的水泥颗粒表面会暴露于孔隙水中并立即形成新的膜，但是在移除剪切应力后，水泥颗粒会再次絮凝[10]。随着静置时间的延长，絮凝结构在范德华力的影响下逐渐积累并形成网状结构，同时，C-S-H 的成核作用增强了网状结构中水泥颗粒之间的连接，从而导致水泥颗粒间从脆弱的胶体相互作用转变为更强劲的连接力[11]。随着水泥水化的进行，C-S-H 凝胶含量的增加导致网状结构强度的进一步提高。总之，新拌水泥基材料的早期结构演变是颗粒间物理作用和化学水化共同作用的结果，可以总结为三个阶段：胶体状结构的形成、水泥颗粒间 C-S-H 链的生成和网状结构的强化。

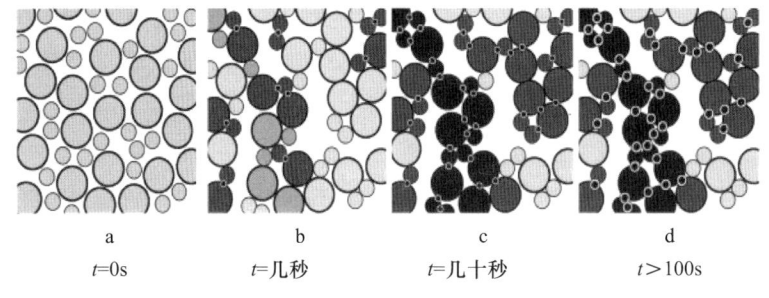

a　　　　　　b　　　　　　c　　　　　　d
t=0s　　　　t=几秒　　　t=几十秒　　　t>100s

图 3-1　絮凝结构的形成过程[14]

同时，水泥颗粒自发团聚成簇状结构极易影响新拌浆体中分散介质中水的状态。当前，新拌浆体中水的状态主要分为以下几类。①吸附水（Adsorbed water，简称 AW），是指物理吸附在水泥颗粒表面的水。在水泥颗粒刚接触水的时候，就会由于物理吸附的作用吸附一部分的水分，从而在表面形成一层水膜，吸附水的量由水泥的比表面积决定。比表面积越大，吸附水越多[12]。②絮凝水（Entrapped water，简称 EW），是水泥颗粒之间形成絮凝结构而被包裹夹带在其中的水。③水化水（Hydrated water，简称 HW），是指水泥水化过程中结合在水泥水化产物中的结构水。由于化学键结合比较牢固，这部分水一旦进入水泥颗粒被视为永久固定，除非用灼烧的手段否则不可能使它与水泥颗粒分离。④自由水（Free Water，简称 FW）是除去上述三种形态的水后存在于浆体中水的另一种形态，能够自由流动，可以作为分散体系流动的分散介质。自由水与分散颗粒的体积比（分散颗粒主要是水泥颗粒的絮凝体）能够决定体系的流变性能[13]。然而，新拌浆体中絮凝结构的形成包裹10%～30%的自由水（图3-2），因此，絮凝结构的存在严重影响浆体的工作性[14-19]。

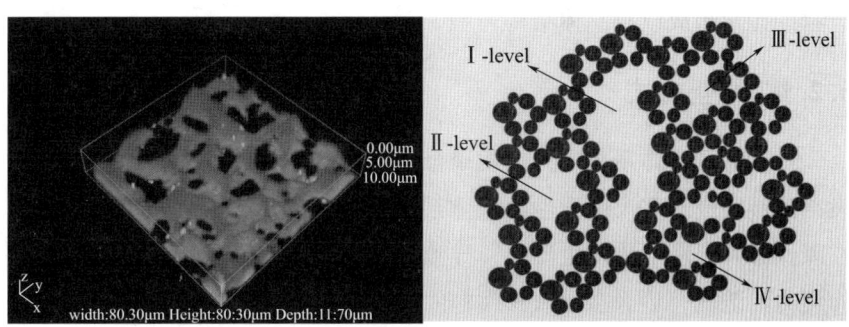

图3-2 水泥新拌浆体的絮凝结构[15]

与水泥基新拌浆体分散体系相似[20]，地质聚合物新拌浆体的固体颗粒因絮凝结构的存在可分为以下三类（图3-3）[21-23]。①自由颗粒：颗粒在分散介质中自由运动，未受到其他外力作用。②静电作用力导致的颗粒可逆连接：颗粒受静电吸引与排斥的共同作用，相互接触，形成连接。③反应活性导致的连接：颗粒与介质间存在的化学反应而产生的相互连接。由上可知，在物理化学作用的共同作用下，固体颗粒的存在形式可反映出絮凝结构的信息，因此，国内外学者从固体颗粒的实验检测得到启发已对絮凝结构的表征进行了大量的研究，详见3.2节。

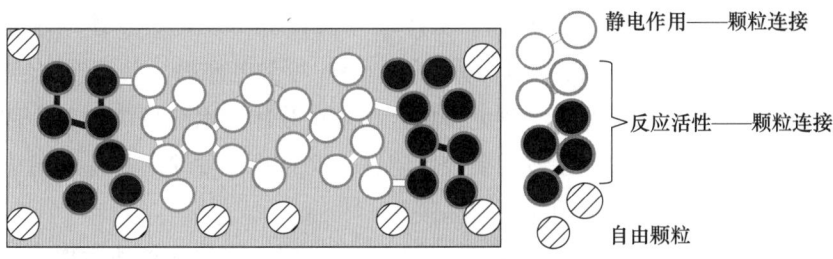

图3-3 地质聚合物新拌浆体中颗粒的存在形式

3.2 新拌浆体微结构的表征

目前，研究中通常采用光学显微镜等设备直接定性观测新拌稀释水泥净浆中的水泥颗粒与絮凝结构的形貌特征和颗粒分散状态，并结合图像处理软件分析微结构图像中颗粒的圆度、长细比以及粒径等形状参数；激光粒度仪也用于测试稀释浆体中颗粒的粒径分布情况，进而简单定量分析新拌浆体中颗粒尺寸的变化趋势；环境扫描电子显微镜（ESEM）以及透射电子显微镜（TEM）常用于观测新拌浆体中的早期水化产物的形貌特征，并通过高精度的X射线能谱、电子衍射等分析水化产物的元素组成以及晶体结构[24-25]。

3.2.1 终止方式

与其他悬浮体系相同，地质聚合物新拌浆体是一种由固体颗粒和激发剂溶液组成的多尺度活性分散体系。地质聚合物新拌浆体中固体颗粒在碱性激发环境下易发生反应，导致颗粒形貌的改变，造成颗粒间相互作用力的改变，势必会导致其颗粒间及颗粒与界面间的差异，从而影响新拌浆体微结构的性能。因此，如何快速、有效地终止新拌浆体聚合反应是间接开展新拌浆体微结构试验的关键步骤。

针对这一问题，国内外学者从其反应所需的必要条件出发，如水和温度等两个方面，提出了地质聚合物新拌浆体反应终止的方式。

1）萃取法。与硬化浆体利用有机溶剂的萃取可有效去除游离态水不同，地质聚合物新拌浆体反应中游离态水、高碱性环境以及未反应激发剂的去除可有效控制硅铝酸盐矿物溶解过程进而阻止水化凝胶产物的形成，阻止其水化反应进行。与水泥基硬化浆体终止水化方式相同，地质聚合物反应中游离态水[26]和高碱性环境的去除可有效控制硅铝酸盐矿物溶解过程进而阻止水化凝胶产物的形成[27]，阻止其水化反应进行。普通硅酸盐水泥中有机溶剂的萃取可有效去除游离态水，例如丙酮[28]/乙醇和丙酮的混合物[29]。然而，上述研究仅针对与硬化后浆体的水化反应的终止，未对新拌浆体进行研究。Chen等和刘雅贤[30-31]研究表明有机溶剂的萃取未能有效终止地质聚合物新拌浆体的水化反应过程。因此，采取稀释和分离等手段对聚合反应进行终止是一种简单易操作的方法，具体试验步骤详见图3-4[32]。

（1）稀释。按照1∶2000的比例加入去离子水，将新拌地质聚合物浆体稀释至pH=7。地质聚合物硅铝酸盐易溶于高碱性环境，而在低碱性环境溶出较慢，几乎无反应。

（2）分离：稀释浆体经固液分离选取固体颗粒，待后续试验使用。

（3）验证。①氢氧化钠体系：滤液pH=7时可认为水化反应已终止；②与氢氧化钠激发体系不同，水玻璃激发剂中硅酸盐聚合体系易附着在颗粒表面，造成试验的误差。因此本研究将滤液加入甲醇中，当在液体层中观察到沉淀时[图3-4（c）]，重复将地质聚合物样品的水提取直至没有沉淀[图3-4（d）]。尽管通过SEM-EDX和XRD手段可在液体层中出现沉淀的结果,但观察到无定形 Na_2SiO_4 纳米颗粒的形成,这可能是由于可溶性硅酸盐在甲醇溶液中出现了"盐析"现象而形成的沉淀物[8]。FTIR 结果显示在停止反应 7d 后没有观察到地质聚合物取样器的变化,表明通过该方法停止了地质聚合物反应。

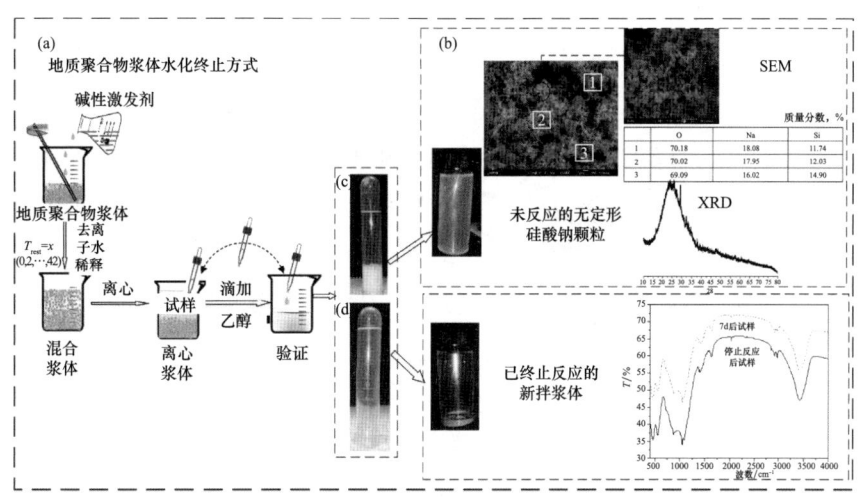

图 3-4　地质聚合物新拌浆体水化终止反应流程

2) 低温冷冻法。与除去孔溶液的萃取法相比,低温冷冻法无须经抽滤稀释等手段,有助于保护新拌浆体颗粒的原始排列结构,可反映"真实"的微观结构。其终止水化反应的原理是根据水的平衡相图 3-5 所示,将温度降到 -40℃以下,试样中的水立即结成冰,使水泥水化终止,接着抽真空使其真空度达到 60Pa 以下,试样中的冰会直接升华排出,从而终止水化反应[31]。图 3-6 所示为采用 HPM010 仪器(BAL-TEC AG,Balzers,Liechtenstein)低温冷冻终止水化实验流程:一滴水泥浆被安装在一个"底部"(A 型)上,其圆柱形的空腔深度为 $100\mu m$,然后用一个平的"顶部"(B 型)覆盖。然后用加压的超临界氮对黄铜夹层进行高压冷冻[32,24]。

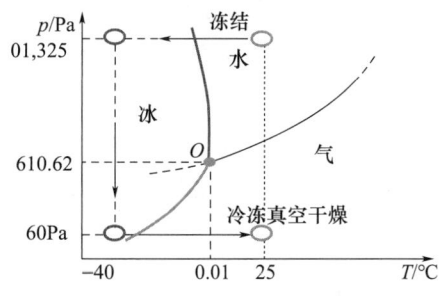

图 3-5　水的平衡相图[31]

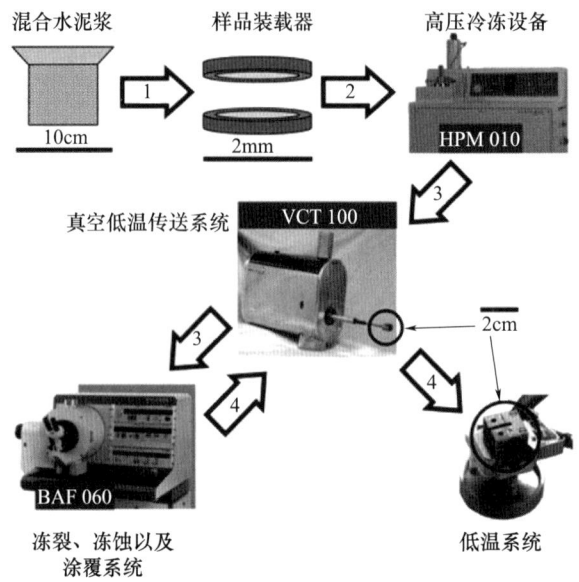

图 3-6 低温冷冻终止水化试验流程[24,32]

随着科学技术与实验仪器的推陈出新，活性分散悬浮体系的水化方法也在不断进步，为新拌浆体微结构的研究提供了基础，如冷冻电镜以及聚焦光束反射测量方法（Focused Beam Reflectance Measurement，FBRM）等一系列高新手段的出现。

3.2.2 表征方法

激光粒度仪也用于测试稀释浆体中颗粒的粒径分布情况，进而简单定量分析新拌浆体中颗粒尺寸的变化趋势。激光粒度仪基于 Furanhofer 衍射理论[33]，沿直线传播的平行激光束，被直径为 d 的颗粒遮挡后，激光束发生散射，大颗粒散射光角度小，小颗粒散射光角度大。根据光电探测阵列，在不同位置上测量的光强度就可以计算出样品中颗粒的大小及其分布。然而，激光粒度分析仪在测试固液活性混合试样时，需在其他分散介质下进行测量，势必会造成试验结果的混乱。

为解决这一问题，国内外学者通常采用以下两种方法来进行测量：（1）采用光学显微镜可直观地观察到新拌浆体初期颗粒和絮凝结构的形貌特征，并结合图像处理软件分析微结构图像中颗粒的圆度、长细比以及粒径等形状参数；（2）采用原位测量技术，直接对新拌浆体的微结构进行测试。

1）显微镜设备

王立久[34]等采用去掉偏振光的偏光显微镜对分散在载玻片上的活性新拌浆体进行研究发现，活性固体颗粒黏结在一起，形成团簇状，小絮团又相互在一起形成大絮团，如图 3-7 所示。然而，偏光显微镜仅仅可对新拌浆体的微结构的平面形貌进行分析，缺乏其多角度的分析。为解决这一问题，张力冉与王栋民[15-16]等人利用 CLSM 在荧光显微镜成像的基础上加装激光扫描装置，使用紫外光或可见光激光荧光探针对新拌浆体的样品进行断层扫描和成像、重构和分析样品的三维空间结构，如图 3-8 所示。其研究表明，新拌浆体中的絮凝结构不是单级而是多级的絮凝结构（"级"的划分由水泥颗粒间的作用力大小决定）。絮凝结构颗粒间的作用力最弱的为第Ⅰ级次，作用力较弱的为Ⅱ级次，随作用力的增加级次依次为第Ⅲ级次、第Ⅳ级次……与普通光学显微镜相比，激光扫描共聚焦显微镜等研究手段不仅直观地观测到新拌浆体的絮凝结构，同时揭示了其内在组成结构的深度内容，有助于研究的不断深入。

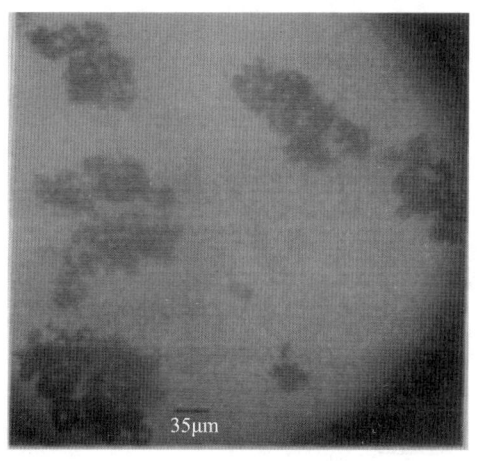

图 3-7　新拌浆体的絮团结构[34]

然而，上述试验方法并未利用其图像分析系统对新拌浆体中大量颗粒进行分析，得出准确的絮凝结构和颗粒的物理特性信息。因此，张艳荣、曹恩祥以及孔祥明[35-37]等人采用 Morphologi G3 光学显微镜的研究手段，探究新拌浆体絮凝结构和颗粒的变化规律、量化结构变化规律。其试验流程如图 3-9 所示：①新拌浆体的制备：根据《混凝土外加剂匀质性试验方法》（GB/T 8077—2023），按配合比设计制备试验所用的地质聚合物新拌浆体；②待测样品的制备：将①所得新拌浆体按固体与液体质量比为 1∶200 配置成地质聚合物新拌浆体的稀释悬浮液，滴加在载玻片中以备研究；③实验区域的选择：依据颗粒分布情况，在载玻片选取代表性待测区域，进行颗粒形貌与团簇结构扫描分析；④试验结果的处理：利用静态自动成像技术对所选区域的颗粒及团簇结构的颗粒粒度参数和粒形参数等特性参数进行研究，表征其团簇结构的变化。

(a) 不同x-y-z视角下的
新拌浆体多级絮凝结构(1)

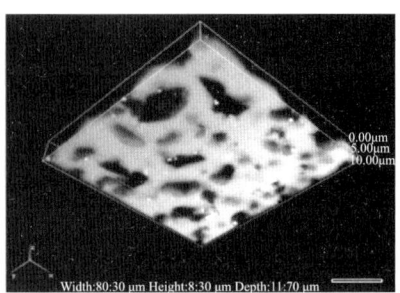
(b) 不同x-y-z视角下的
新拌浆体多级絮凝结构(2)

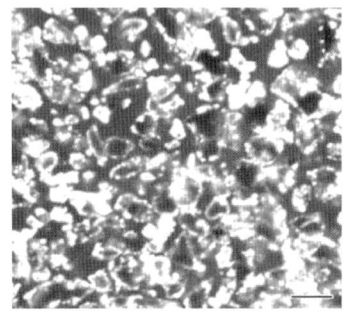
(c) x-y视角下的新拌浆体多级絮凝结构

图 3-8　新拌浆体的 CLSM 观察[15-16]

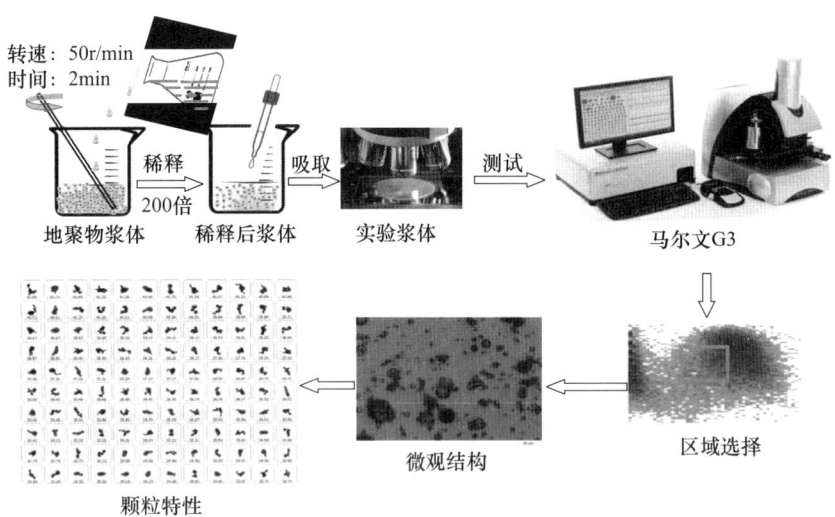

图 3-9　新拌浆体团簇结构的试验流程

2) 原位测量——聚焦光束反射测量方法（FBRM）[38]和核磁技术（NMR）[39]

FBRM，聚焦光束反射测量方法（Focused Beam Reflectance Measurement）方法是一种实时提供颗粒弦长分布信息的粒度分析测量技术，如图 3-10 所示。虽然测定颗粒度的技术多种多样，但很少能原位应用或用于固体体积浓度较高的材料。该方法不需要稀释或取样悬浮液。而且 FBRM 测试中获得的信息通常与工艺参数相关，其中弦长定义为扫描平面与粒子在聚焦平面投影面积的交点，是粒子几何尺寸的特征测量参数。FBRM 仪器通过扫描高度聚焦的激光束穿过悬浮液中的粒子和测量单个粒子背散射光的持续时间来操作。激光束聚焦于一个小光斑，以固定的速度扫描。当聚焦光束与粒子的边缘相交时，粒子会对激光产生背散射。光会继续后向散射，直到光束到达粒子的反边缘。采用甄别式电子电路对背散射光的时间周期进行甄别，并将这个时间周期乘以扫描速度得到颗粒尺寸（图 3-11）。核磁共振（NMR）[39] 是一种无损、无创的定量研究样品水分分布和结构的方法。它为胶凝材料从新鲜到硬化的微观结构发展的研究提供了重要的结论[40-43]，促进了水泥基材料的科学研究，如孔结构检验、水泥水化等方面。Ji 等人[44]采用核磁共振技术考察新拌浆体中两个固定位置的孔隙比和反映孔隙结构发展的 T_1 弛豫，直观地反映其微结构的发展，如图 3-12 所示。

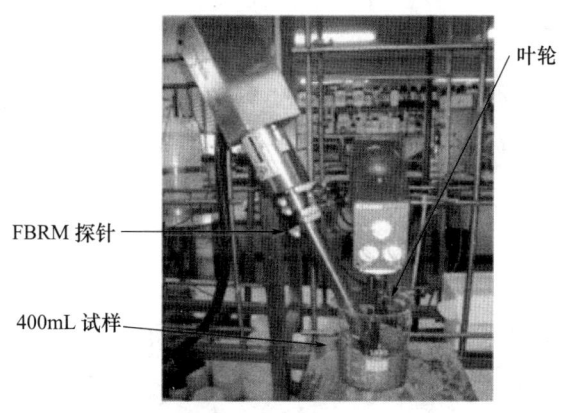

图 3-10　FBRM 试验装置[38]

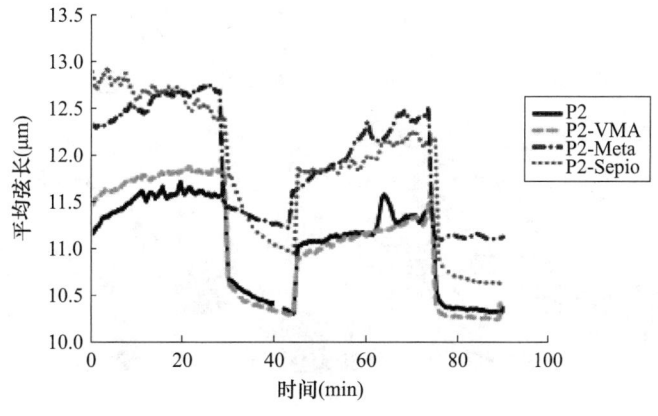

图 3-11　新拌浆体的颗尺寸的变化[38]

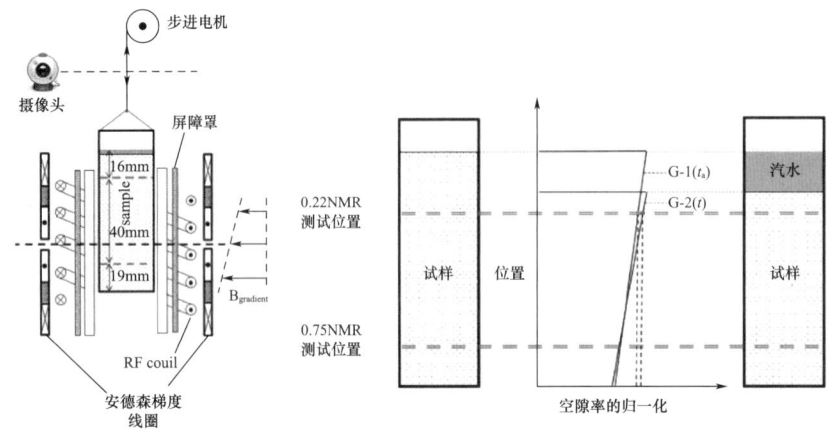

图 3-12　新拌浆体的 NMR 实验

3.3　新拌浆体微结构的形貌与物理属性

3.3.1　新拌浆体微结构的形貌

如图 3-13 所示，氢氧化钠激发粉煤灰基地质聚合物新拌浆体中颗粒吸附在大颗粒表面组成一个个黏聚体，且每个黏聚体外缘轮廓分明、棱角清晰可辨，与大量小颗粒一起均匀分散在整个视野中。同时，从图 3-13 中看出，新拌浆体中形成了大量的形状各异的絮状团簇体：（1）团状絮凝结构，该团聚体存在明显的分层结构，由众多粒径、形态不一的颗粒团聚在一起，且存在大量细小的颗粒分散镶嵌于团聚体表面，相对势能

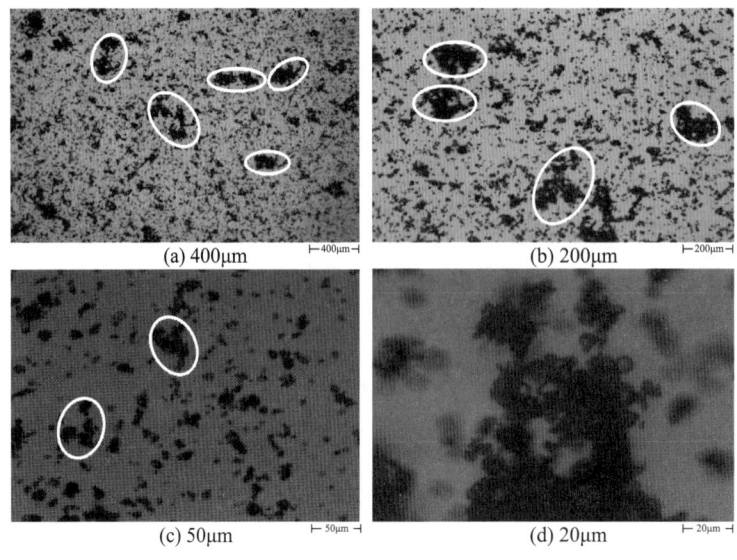

图 3-13　地质聚合物新拌浆体显微结构

处于最稳定状态。在外力作用下，周边黏结的树枝状小絮团易脱落，而其中心结构较难破坏。其具有较低的长宽比，如图 3-14 所示。(2) 链状絮凝结构，在静电力作用下，不同电荷的小团簇结构易相互吸引形成长链状团簇结构，结构不稳定，易被瓦解，分解形成小团簇结构。Wallevik[45]所提出的静电斥力和位阻效应导致颗粒间形成可逆的连接单元，这可能是长链状团簇结构不稳定的原因；同时，颗粒间的自发化学反应形成的产物，导致不可逆的连接结构，可能形成了团状团簇结构[46-47]。

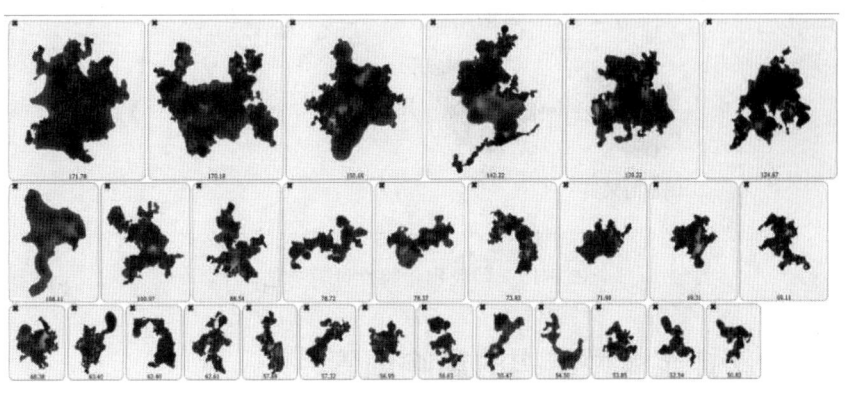

图 3-14　地质聚合物新拌浆体显微结构形貌图片

3.3.2　新拌浆体微结构的物理属性

常规的光学显微镜的视野范围有限且分辨率较低，往往无法得到令人满意的图像。而分辨率较高的 SEM 与 TEM 多用于观测水化产物形貌等内部微结构的局部信息，代表性不强。此外，现有研究大部分停留在定性地描述新拌浆体显微结构，定量分析方面还存在很多不足，尚不能有效地建立宏观流动性与浆体微结构间的关系。本章主要以马尔文公司生产的 Morphologi G3 显微镜，研究新拌浆体显微结构形态并对稀释后显微结构状态变化规律进行定量表征。等效粒径（CE Diameter）、圆度（HS Circularity）及延伸率（Elongation）等几何特性参数是 Morphologi G3 显微镜对新拌浆体进行定量化研究时选取的物理参数，其测试原理如图 3-15 所示。

Morphologi G3 显微镜自带的颗粒图像表征系统可对所观察到的稀释水泥浆体样品中所包含的数万颗颗粒图像进行快速分析，并求得具有统计意义的颗粒大小与形状等基本信息。在二维图像中，将与颗粒面积相等的圆的直径作为颗粒的等效粒径 CE 直径（需要注意的是，该等效粒径低于常规激光粒度仪所测得的颗粒体积粒径值）。用圆度 C 和延伸率 E 表征颗粒形状。

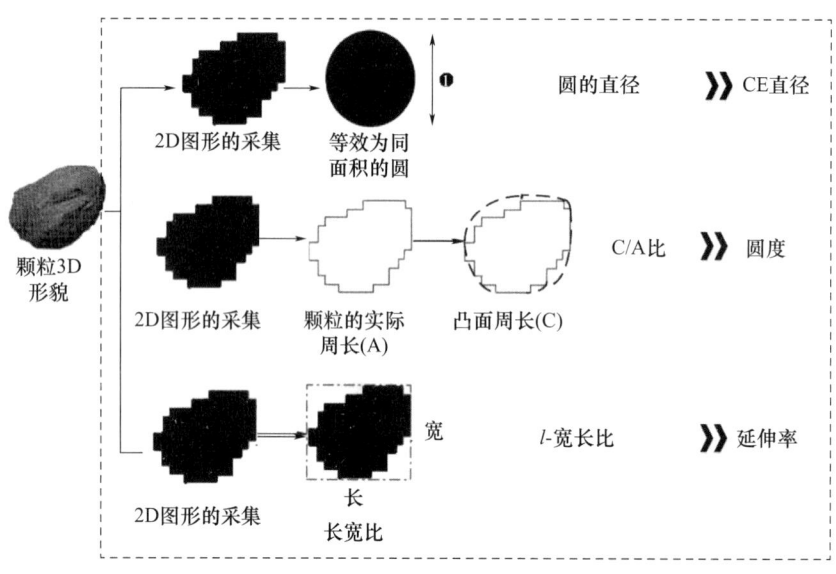

图 3-15　颗粒物化特性计算方法

3.4　新拌浆体微结构的影响因素

3.4.1　分散介质的影响

如图 3-16 和图 3-17 所示，粉煤灰/矿粉-水体系中含有由少量的固体颗粒在电荷作用下相互接触黏结在一起，形成不规则的边缘粗糙轮廓模糊的直径约为几十到几百微米不规则小絮凝团结构。氢氧化钠体系形成了大量的团状和长链状和团状絮状团簇体，以团状结构为主。该团聚体存在明显的分层结构，由众多粒径、形态不一的颗粒团聚在一起，且存在大量细小的颗粒分散镶嵌于团聚体表面。水玻璃体系中众多粒径、形态不一的颗粒团聚在一起形成几十或者几百微米的絮状团簇体，且存在大量细小的颗粒分散镶嵌于团聚体表面。与水体系相比，水玻璃激发体系新拌浆体中大量的细小颗粒间易通过相互交联作用连接形成不规则的结构紧密的复杂团状与长链状的絮凝结构。其原因可能如下：水玻璃激发体系中，一方面水玻璃体系中未反应的聚硅酸钠吸附在颗粒表面，导致其静电斥力的增加；另一方面水玻璃激发体系中的硅酸根离子阻碍了颗粒表面活性离子的溶出，减少水解过程中水的消耗；同时硅酸根离子加入促进预聚体的形成，生成大量的水，增加了反应初期的自由水。

与粉煤灰-矿渣粉-水体系不同，新拌浆体的粒度分散曲线向 30～150μm 移动，与浆料中颗粒的分散状态相对应。在非活性体系（水介质环境）下，粒度分散曲线以 25～30μm 为中心，略微向左移动，与图 3-16

的结果很一致。从图 3-17（b）和图 3-17（c）中可以清楚地看到，在活性体系（NaOH 和水玻璃介质环境）中，尺寸分散的位置明显向左移动，范围在 30~90μm 和 90~120μm。与水玻璃介质环境相比，曲线的位置和强度在 NaOH 体系的浆料中明显增加。这意味着在这种介质环境中已经形成了大量的大直径的絮凝颗粒。

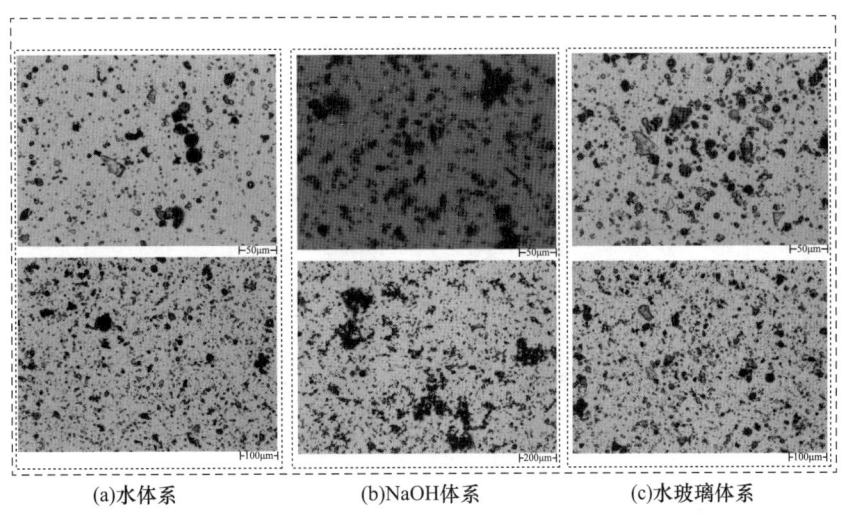

(a) 水体系　　　　(b)NaOH 体系　　　　(c)水玻璃体系

图 3-16　不同分散介质对新拌浆体微结构形貌的影响

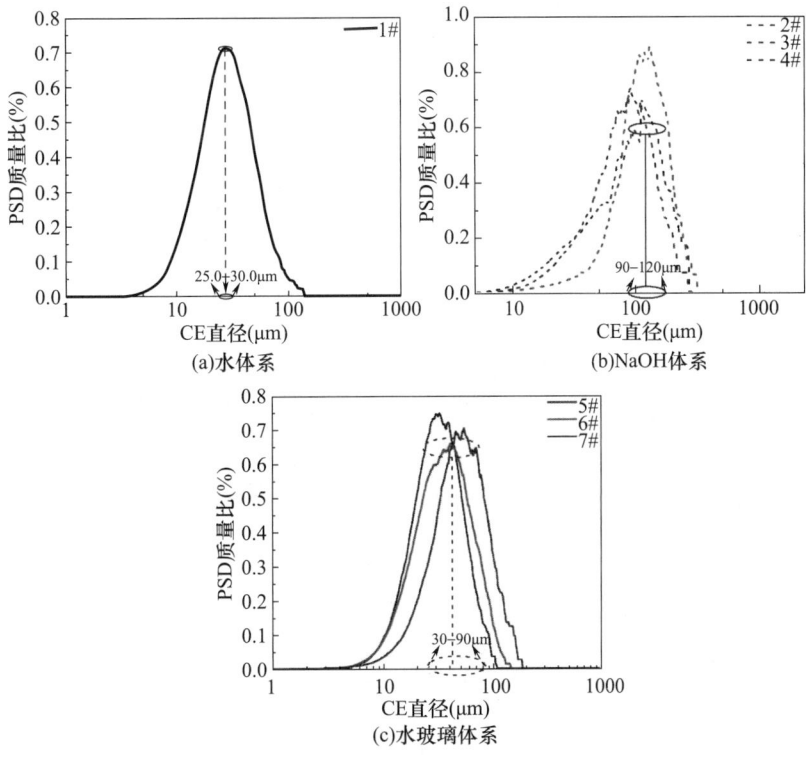

图 3-17　不同分散介质对新拌浆体微结构物理属性的影响

通过 Malvern 软件对微结构的不同形貌特性（圆度与延伸率）进行统计和分类为深入量化介质环境对浆料分散性能的影响，如图 3-18 和图 3-19 所示。由图 3-18 可知，将微结构的圆度分为四个级别：0~0.5（①），>0.5~0.75（②），>0.75~0.9（③）以及>0.9~1.0（④）。与此同时，微结构的延伸率分为 0~0.25（①），>0.25~0.50（②），>0.50~0.75（③）和>0.75~1.00（④）四个级别。图 3-20（a）和图 3-20（b）显示了浆料的圆度和伸长率。随着介质环境的变化，NaOH 和水玻璃体系的圆度和伸长率发生了显著变化。在非活性/活性（水/NaOH/水玻璃）介质体系中，与粉煤灰渣粉相比，新拌浆体的团簇结构圆度中的 0.75~0.90 阶段的比例显著降低，这归因于不规则颗粒的形成。而 0.50~0.75 间的微结构比例开始增加。特别是，NaOH 系统中曲线的最高点达到 56.85%。除了 0.5~0.75 的分类外，0~0.5 圆度范围的比例有明显的增加趋势。在水玻璃介质系统中也可以看到同样的趋势。因此，随着活性的增加，新拌浆体的圆度逐渐降低到 0~0.75 的分类，表明新拌浆体中微结构的不规则性和粗糙度增加。对于伸长率，在图 3-20（b）中可以看到显著差异。与非活性系统（水）不同，NaOH 和水玻璃的主要成分分别为 0~0.2 和 0.25~0.50。这与新拌浆体中长而薄的颗粒形状的增加有关。

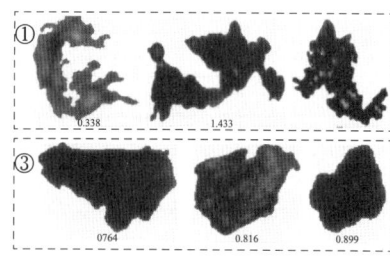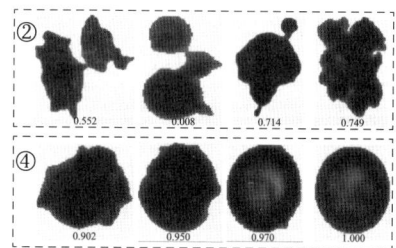

图 3-18 微结构的圆度以及分类

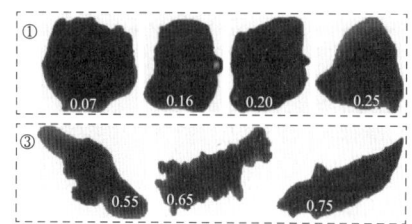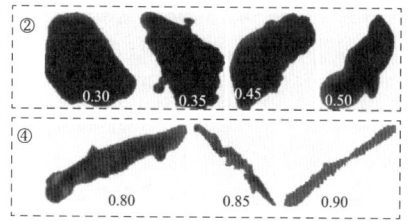

图 3-19 微结构的延伸率以及分类

3.4.2 化学激发剂掺量的影响

1）氢氧化钠掺量的影响

随氢氧化钠掺量的增加，团状絮凝结构显著降低，絮凝结构主要以

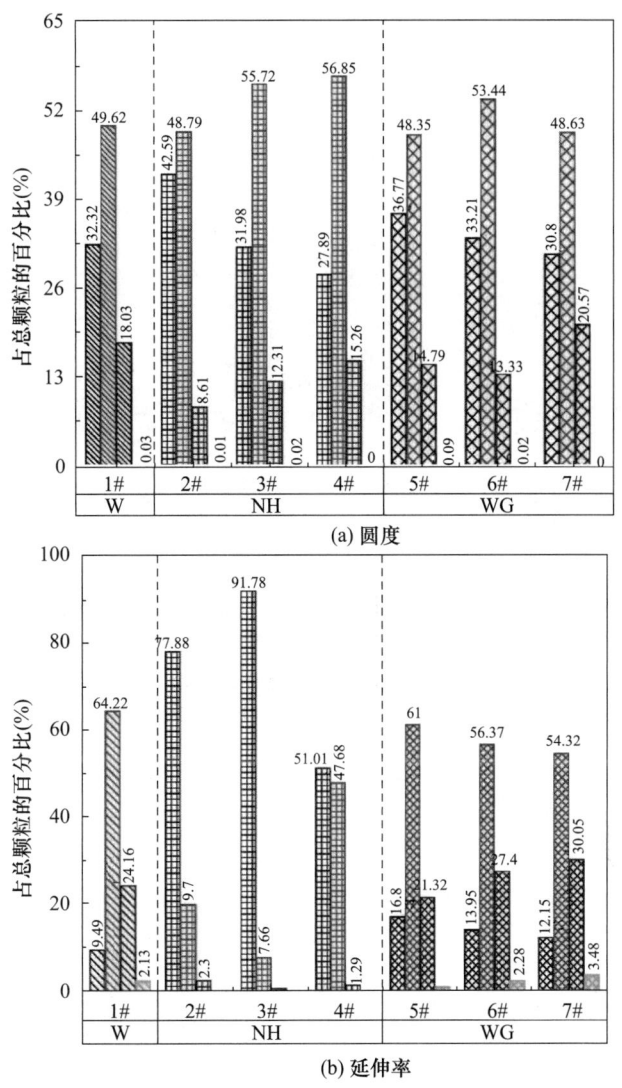

图 3-20　不同分散介质下新拌浆体中微结构的圆度与延伸率的分布

长链状絮凝结构为主。如图 3-21 和图 3-22 所示，高氢氧化钠掺量的新拌浆体中絮凝结构被明显破坏，团状絮凝结构被不稳定的长链状絮凝结构取代，絮凝结构的长宽比明显增加、面积减小、结构疏散、紧密性降低、稳定性较差。而低掺量氢氧化钠环境下，一方面溶出的硅铝酸盐形成少量聚合产物附着在颗粒表面，形成颗粒间的桥解结构，易形成团状絮凝结构。与此同时，新拌浆体静电斥力较低，颗粒易团聚，大大增加了颗粒间的接触，为团状结构的形成提供了有利条件。因此在低掺量氢氧化钠激发剂下，新拌浆体存在大量的团状絮凝结构，其分散性较差，流动度降低。

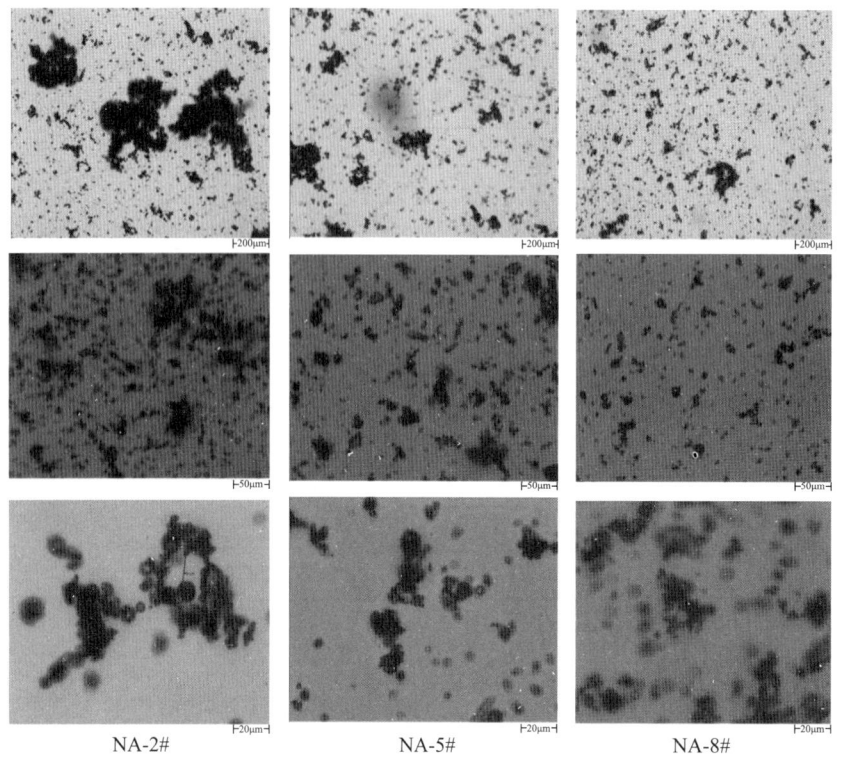

图 3-21 不同氢氧化钠掺量新拌浆体的显微结构形貌图片

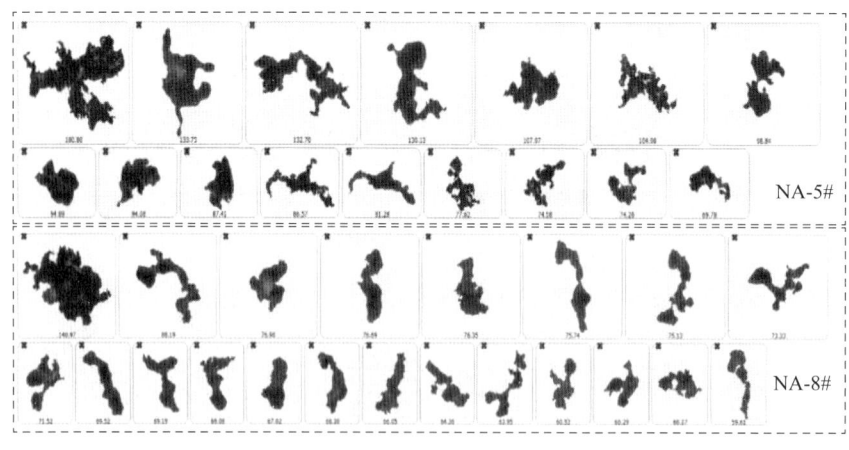

图 3-22 氢氧化钠掺量对地质聚合物新拌浆体絮凝结构的影响

2) 水玻璃模数的影响

新拌浆体絮凝结构的形貌随水玻璃模数的变化而改变,如图 3-23 和图 3-24 所示:(1) 随水玻璃模数降低,新拌浆体中以团簇结构为主的絮凝结构逐渐转变为以长链状絮凝结构为主,团簇结构的长宽比显著增加;(2) 随水玻璃模数的降低,团状絮凝结构的直径显著降低,由 $M_s = 2.5$ 的 80~150μm 降低至 $M_s = 1.5$ 的 40~80μm;(3) 随水玻璃模数降

3 地质聚合物新拌浆体的微观结构

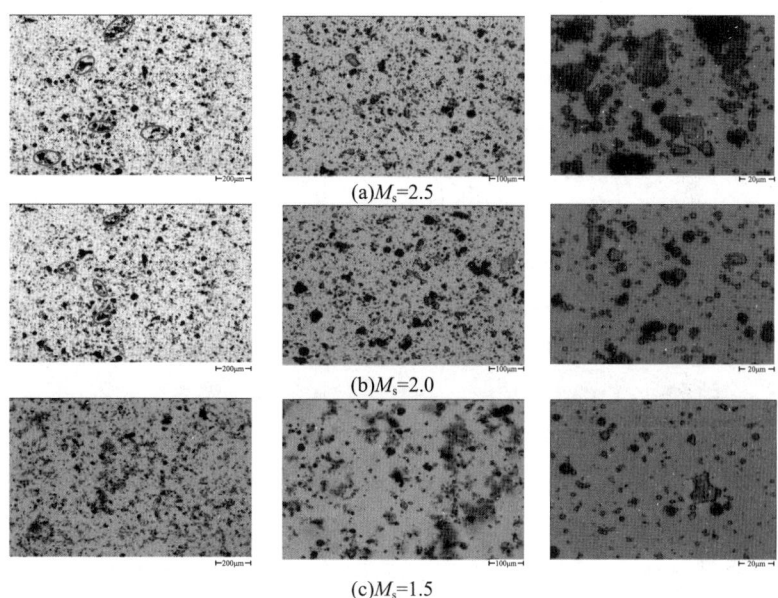

(a)M_s=2.5

(b)M_s=2.0

(c)M_s=1.5

图 3-23 不同 M_s 下新拌浆体的结构形貌图片

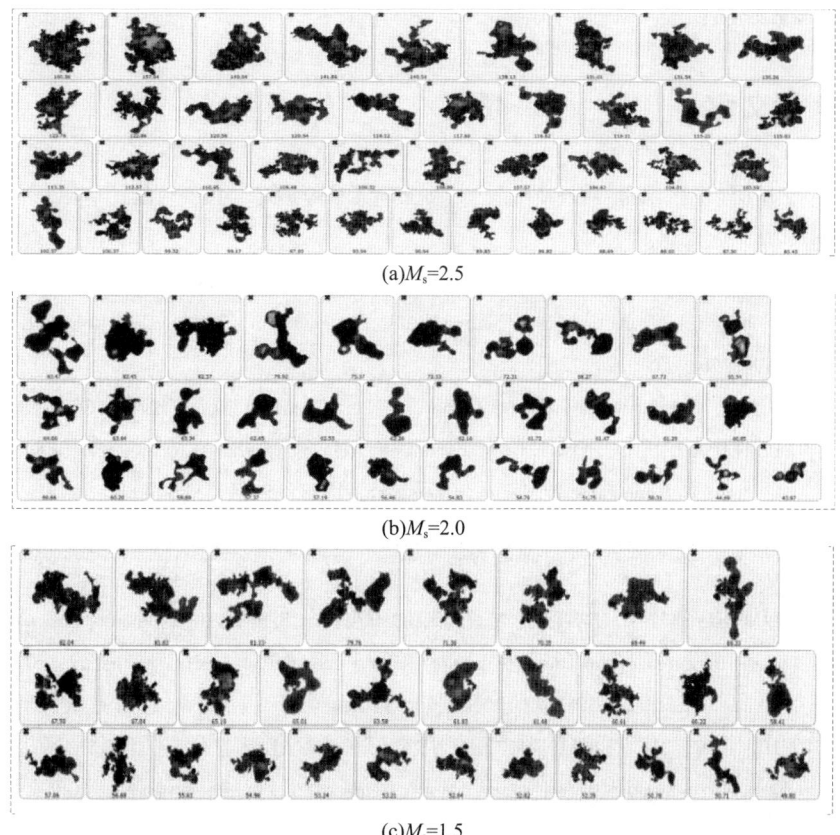

(a)M_s=2.5

(b)M_s=2.0

(c)M_s=1.5

图 3-24 水玻璃模数（M_s）对地质聚合物新拌浆体絮凝结构的影响

低,颗粒间相互作用力显著降低,分散性增大,结构的紧密程度逐渐降低。如图 3-23(c)所示,$M_s=1.5$ 新拌浆体中絮凝结构被明显地破坏,团状絮凝结构被不稳定的长链状絮凝结构取代,长宽比明显增加,面积减小,结构疏散紧密性降低,稳定性较差,分散性提高,流动度增加。

除上述因素外,活性硅铝酸盐、养护制度以及拌和机制亦是影响地质聚合物新拌浆体微结构的重要因素。然而,当前其对地质聚合物新拌浆体微结构的影响机制尚不明确,仍需不断进行研究。

3.5 总结

当前,地质聚合物新拌浆体微结构的研究较多着重于形貌的定性化研究。然而,简单的一两个微结构参数并不能准确、全面地定量表征浆体的微结构特征,在定量分析时往往遗漏重要信息,应尽量提取多个合理、灵敏、稳定的微结构表征参数,综合、全面地对浆体微结构进行定量表征,获得的新拌浆体的宏观和微观指标参数,建立新拌水泥净浆流变参数预测模型。

参考文献

[1] 王子明. "水泥-水-高效减水剂"系统的界面化学现象与流变性能[D]. 北京:北京工业大学, 2006.

[2] MARCUS A H, RICE S A. Observations of First-Order Liquid-to-Hexatic and Hexatic-to-Solid Phase Transitions in a Confined Colloid Suspension[J]. Physical Review Letters, 1996, 77(12): 2577.

[3] YU J Y. Van der waals force[J]. Encyclopedia of Earth Science, 1998: 655-656.

[4] ALLRED A L, ROCHOW E G. A scale of electronegativity based on electrostatic force[J]. Journal of Inorganic & Nuclear Chemistry, 1958, 5(4): 264-268.

[5] 杨南如. 碱胶凝材料形成的物理化学基础(Ⅱ)[J]. 硅酸盐学报, 1996(4): 209-215.

[6] GLUKHOVSKIJ V, ZAITSEV Y, PAKHOMOW V. Slag-alkaline cements and concretes-Structures, properties, technological and economical aspects of the use[J]. Silicates Industriels, 1983, 10(10): 197-200.

[7] MIRANDA J M, FERNÁNDEZ-JIMÉNEZ A, GONZÁLEZ J A, et al. Corrosion resistance in activated fly ash mortars[J]. Cement & Concrete Research, 2005, 35(6): 1210-1217.

[8] 熊大玉, 王小虹. 混凝土外加剂[M]. 北京: 化学工业出版社, 2002. 74-75.

[9] 西德尼·明德斯, J. 弗朗西斯·杨, 戴维·达尔文著, 等. 混凝土[M]. 2版.

北京：化学工业出版社，2005.

［10］ BILLBERG P. Form Pressure Generated by Self-Compacting Concrete：Influence of Thixotropy and Structural Behaviour at Rest［M］. Trita Bkn Bulletin, 2006.

［11］ ROUSSEL N, OVARLEZ G, GARRAULT S, et al. The origins of thixotropy of fresh cement pastes［J］. Cement and Concrete Research, 2012, 42（1）：148-157.

［12］ 钟国才. 基于母岩特性的机制砂性能及对水泥浆体流变性影响研究［D］. 泉州：华侨大学.

［13］ 杨鹏，吴爱祥，王洪江，等. 泵送剂对膏体料浆流动性能作用的微结构模型［J］. 有色金属：矿山部分，2015，67（1）：6.

［14］ 谭晓倩. 结合分形理论的水泥絮凝研究［D］. 大连：大连理工大学，2006：9-10.

［15］ 张力冉，王栋民，张伟利. 运用激光扫描共聚焦显微镜观察新拌浆体多级絮凝结构［J］. 电子显微学报，2013，32（3）：231-236.

［16］ 张力冉，王栋民，潘佳. 新拌水泥浆体絮凝结构与流变行为及有效体积分数的关系（英文）［J］. 硅酸盐学报，2014，42（9）：1209-1218.

［17］ 熊大玉，王小虹. 混凝土外加剂［M］. 北京：化学工业出版社，2002：74-75.

［18］ PIERRE-CLAUDE Aïtcin. Cements of yesterday and today：Concrete of tomorrow［J］. Cement & Concrete Research, 2000, 30（9）：1349-1359.

［19］ JIANG W, ROY D M. Microstructure and Flow Behavior of Fresh Cement Paste［J］. Journal of the American Ceramic Society, 2011, 192：161-166.

［20］ 王子明. "水泥-水-高效减水剂"系统的界面化学现象与流变性能［D］. 北京：北京工业大学，2006.

［21］ SANT G, FERRARIS C F, WEISS J, et al. Rheological properties of cement pastes：A discussion of structure formation and mechanical property development［J］. Cement & Concrete Research, 2008, 38（11）：1286-1296.

［22］ WALLEVIK J E. Rheological properties of cement paste：Thixotropic behavior and structural breakdown［J］. Cement & Concrete Research, 2009, 39（1）：14-29.

［23］ DAIMON M, ROY D M. Rheological properties of cement mixes：Ⅱ. Zeta potential and preliminary viscosity studies［J］. Cement & Concrete Research, 1979, 9（1）：103-109.

［24］ ZINGG A, HOLZER L, KAECH A, et al. The microstructure of dispersed and non-dispersed fresh cement pastes：New insight by cryo-microscopy［J］. Cement & Concrete Research, 2008, 38（4）：522-529.

［25］ AUTIER C, AZEMA N, TAULEMESSE J M, et al. Mesostructure evolution of cement pastes with addition of superplasticizers highlighted by dispersion indices［J］. Powder Technology, 2013, 249：282-289.

［26］ ZHANG J, SCHERER G W. Comparison of methods for arresting hydration of cement［J］. Cement & Concrete Research, 2011, 41（10）：1024-1036.

［27］ OH J E, MONTEIRO P J M, JUN S S, et al. The evolution of strength and crystalline phases for alkali-activated ground blast furnace slag and fly ash-based geopolymers [J]. Cement & Concrete Research, 2010, 40 (2): 189-196.

[28] CHINDAPRASIRT P, SILVA P D, SAGOECRENTSIL K, et al. Effect of SiO_2, and Al_2O_3, on the setting and hardening of high calcium fly ash-based geopolymer systems [J]. Journal of Materials Science, 2012, 47 (12): 4876-4883.

[29] KHATER H M. Effect of silica fume on the characterization of the geopolymer materials [J]. International Journal of Advanced Structural Engineering, 2013, 5 (1): 12-18.

[30] CHEN X, MEAWAD A, STRUBLE L J, et al. Method to Stop Geopolymer Reaction [J]. Journal of the American Ceramic Society, 2014, 97 (10): 3270-3275.

[31] 刘雅贤. 不同氧化硅微粉对水泥水化和浇注料性能的影响 [D]. 郑州: 郑州大学.

[32] STEINBRECHT R A, ZIEROLD K. Cryotechniques in Biological Electron Microscopy [M]. Springer-Verlag, 1987: 3-34.

[33] XUE M Z, FU Z W. Fabrication and electrochemical characterization of zinc selenide thin film by pulsed laser deposition [J]. Electrochimica Acta, 2006, 52: 988-995.

[34] 王立久, 谭晓倩, 曹明莉. 结合分形理论的水泥絮凝研究 [J]. 沈阳建筑大学学报 (自然科学版), 2007, 23 (1): 3.

[35] 张艳荣, 孔祥明, 高亮, 等. 不同分散介质中新拌水泥浆体的微结构与流动性 [J]. 硅酸盐学报, 2016, 44 (8).

[36] 曹恩祥, 张艳荣, 孔祥明. 减水剂作用下的新拌水泥浆体微结构模型 [J]. 混凝土, 2012 (8): 4.

[37] 张艳荣. 水泥-化学外加剂-水分散体系早期微结构与流变性 [D]. 北京: 清华大学, 2014.

[38] FERRON R D, SHAH S, FUENTE E, et al. Aggregation and breakage kinetics of fresh cement paste [J]. Cement & Concrete Research, 2013, 50 (Complete): 1-10.

[39] JI Y, PEL L, SUN Z. The microstructure development during bleeding of cement paste: An NMR study [J]. Cement and Concrete Research, 2019, 125: 105866.

[40] NUNES C, PEL L, KUNECKÝ J, et al. The influence of the pore structure on the moisture transport in lime plaster-brick systems as studied by NMR [J]. Construction and Building Materials, 2017, 142: 395-409.

[41] M, FOURMENTIN, P, et al. NMR observation of water transfer between a cement paste and a porous medium [J]. Cement & Concrete Research, 2017.

[42] BLIGH M W, D'EURYDICE M N, LLOYD R R, et al. Investigation of early hydration dynamics and microstructural development in ordinary Portland cement using 1H NMR relaxometry and isothermal calorimetry [J]. Cement and Concrete Research, 2016, 83: 133-139.

[43] ZAMANI S, KOWALCZYK R M, MCDONALD P J. The relative humidity depend-

ence of the permeability of cement paste measured using GARField NMR profiling [J]. Cement and Concrete Research, 2014, 57 (1): 88-94.

[44] JI Y, SUN Z, YANG X, et al. Assessment and mechanism study of bleeding process in cement paste by 1H low-field NMR [J]. Construction & Building Materials, 2015, 100: 255-261.

[45] WALLEVIK J E. Rheological properties of cement paste: Thixotropic behavior and structural breakdown [J]. Cement & Concrete Research, 2009, 39 (1): 14-29.

[46] MASON T G. Estimating the viscoelastic moduli of complex fluids using the generalized Stokes-Einstein equation [J]. Rheologica Acta, 2000, 39 (4): 371-378.

[47] ILER R K. The Chemistry of Silica: Solubility, Polymerization, Colloid and Surface Properties and Biochemistry of Silica [J]. Colloid & surface properties & biochemistry, 1979 (92): 896-890.

4 新拌浆体的黏弹性转变历程

作为一种活性固液悬浮分散体系,地质聚合物新拌浆体中颗粒易受到化学激发剂环境的作用,发生一系列的化学反应。反应早期,颗粒中的活性组分在水分子的作用下,大量 Ca^{2+}、Si^{4+} 以及 Al^{3+} 等活性离子溶出,造成颗粒表面的凹坑,增加颗粒间的摩擦力,表现为黏性浆体特性;随着反应的进行,大量活性离子析出结晶形成少量的结构疏松的水化产物附着在颗粒表面,导致浆体颗粒形成团簇结构,呈现塑性浆体特性;随着水化反应的进行,水化产物致密化程度增加,颗粒间凝聚作用显著提高,浆体逐渐丧失流动性,表现为弹性特性;这一黏—塑—弹性的转变是工作性的重要特性,与工程施工有着密不可分的联系。

4.1 黏弹性

作为一种活性固液悬浮体系,新拌浆体内部颗粒在物理化学的作用下会形成一定强度的网络结构使得材料表现出一定的弹性特征(存能模量 G')。随着反应不断进行,其反应产物不断形成,增加了浆体内部的网络结构,存储模量逐渐增大,其黏弹性随时间的延长而发生改变。新拌浆体由黏塑性流体逐渐转变成黏弹性物体[1-5]。

当前,材料的黏弹性往往是通过旋转流变仪测量的。旋转型流变仪的剪切应力通过旋转运动产生,这种运动形式有利于迅速地对被测物质的黏弹性进行评估分析。根据所选用的测量转子结构的不同,旋转型流变仪又被划分为锥-板流变仪、平行板流变仪和同轴圆筒流变仪三种。这三种类型的流变仪均是基于牛顿平板模型的变形演化。旋转流变仪(锥-板流变仪的一种)最适合进行非常低的剪切速率的测定,通过低振幅测定材料结构的变化,进行压力振荡测量和屈服应力、蠕变及蠕变恢复相关测试分析。其中动态测试,又称振荡模式(Oscillation)[6],是指流变仪通过产生一个频率或一系列不同频率的正弦振荡应变或应力,测量材料响应产生的应力或应变值,从而确定储能模量 G'、损耗模量 G'' 和动态黏度 η^* 等流变特性参数。动态测试是测量聚合物流变特性最为广泛的方法之一,可以用来分析材料黏弹性、研究材料在交变外力或应变作用下的流变特性变化等。根据研究目的的不同,测试方案可划分为时间扫描、振幅扫描、频率扫描、温度扫描等。

在动态模式下，流变仪向样品施加一个正弦的应变信号 $\gamma(t)$ 或应力 $\tau(t)$，样品反馈的应力 $\tau(t)$ 或应变 $\gamma(t)$ 会跟随着应变频率振荡，但是通常有一个相位偏离（相位差）δ，称为损耗角，如图 4-1 所示。这是由于黏弹性材料在周期性应变或应力信号加载时，能量发生损失导致材料的应力和应变不同步。

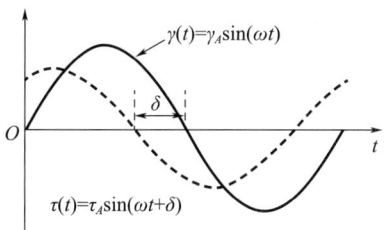

图 4-1 动态模式数据曲线

根据输入和输出的振幅和相位的关系，可以得到复数模量、复数黏度、损耗系数（损耗角）等材料的重要流变特性参数。以应变控制试验为例，在材料的线性黏弹性区域中，假定对样品施加应变信号如式（4-1），则样品会产生式（4-2）所示的应力响应信号。

$$\gamma(t) = \gamma_A \sin(\omega t) \tag{4-1}$$

$$\tau(t) = \tau_A \sin(\omega t + \delta) \tag{4-2}$$

其中，应力振幅 τ_A 与应变振幅 γ_A 的比值称为复数模量 $|G^*|$，如式（4-3）所示。根据相位差，可以将复数模量分解为储能模量 G' 和损耗模量 G''。其中储能模量又称弹性模量，表征材料发生形变时由于弹性形变而储存能量的大小，如式（4-4）所示。损耗模量又称黏性模量，表征材料发生形变时由于黏性形变而损耗的能量大小，如式（4-5）所示。同时，相位差 δ 的值通常介于 $0°\sim90°$。对于理想的黏性流体，$\delta = 90°$；对于具有黏弹性的流体，$0°<\delta<90°$；对于弹性固体，$\delta = 0°$。

$$G^* = \frac{\tau_A}{\gamma_A} \tag{4-3}$$

$$G' = |G^*|\cos\delta \tag{4-4}$$

$$G'' = |G^*|\sin\delta \tag{4-5}$$

4.2 黏弹性表征技术

近年来，新拌浆体黏弹性的测量在振荡流变仪的基础上，发展了小幅度振荡流变仪[7]以及超声波反射技术[8]等测量其储能模量与损耗模量等关键性指数，反映其浆体中内部黏弹性转变过程。小幅度振荡流变仪通过对浆体施加一个小振幅的周期性的拉伸应变或剪切应变测量拉伸应力或剪切应力的响应，获得颗粒间的储能模量与损耗模量的信息。与小幅度振荡流变仪相比，超声波反射技术可对新拌浆体的黏弹性进行长时间的检测，测量范围更大。胶凝材料的反应过程是其新拌浆体黏弹性的重要影响因素，因此地质聚合物与水泥基新拌浆体间存在着差异性。储能模量与损失模量作为新拌浆体黏弹性的评价指标，储能模量是体系因弹性形变而获取能量，量化体系的黏弹性行为；损耗模量是体系因黏性形变损失能量，量化体系的黏性行为[9]。当储能模量大于损耗模量时，新拌浆体表现为弹性行为，反之亦然。动态流变仪作为储能模量与损耗模量的主要测试手段，量化新拌浆体黏弹性的转变历程。

基于上述两种测试手段，国内外学者已对地质聚合物新拌浆体的黏弹性进行了初步的探索：Steins[10]等研究不同激发剂对地质聚合物新拌浆体黏弹性转变过程的影响，发现粒径较小的阳离子激发剂有助于黏弹性的转变过程；Poulesquen 等[10]采用小幅度振荡流变仪探索偏高岭土基地质聚合物新拌浆体的线性黏弹区时间范围内的弹性模量与黏性模量的变化过程，表明弹性模量的转变过程与三维网状结构的聚合产物有关；Favier 等[11]和 Rouyer 等[12]人对偏高岭土地质聚合物新拌浆体黏弹性的研究结果表明，水玻璃激发剂体系中所形成的凝胶产物的形成导致了弹性模量的迅速增加。

然而，小幅度振荡流变仪以及超声波反射技术测试过程中外力的引入，均会导致一定程度上对新拌浆体结构的破坏，造成测试的误差。与小幅度振荡流变仪相比，微流变学通过测试分散颗粒运动轨迹研究为多分散体系的长广度范围内的物质结构的形成和材料转变历程，提供了物质的黏弹性和微观尺度的信息[11,13]。基于粒子示踪法，微流变学可在无外力破坏的条件下全方位研究多分散体系完整微观结构，实现了原位无扰动的测试过程。当前，微流变学已广泛在聚合物溶液、生物大分子、黏土颗粒悬浮液以及凝胶等复杂多相悬浮溶液体系[12-21]的颗粒/凝胶结构的微观信息等方面的研究取得一定的进展，反映了材料本身内在特性，具有广阔的应用前景。

基于微流学的特性，Mason 等[22]于 1995 年首次提出利用微流变仪测量悬浮分散体系的黏弹性特性。微流变仪基于粒子追踪技术获得悬浮分散体系颗粒的运动轨迹，计算颗粒的平均均方位移 [Mean-Square Displacement，MSD，$\Delta r^2 (t)$]，从而得出分散体系黏弹特性。扩散波谱技术（Diffusing Wave Spectroscopy，DWS）、荧光光谱示踪法（Fluorescence

Correlation Spectroscopy，FCS)[23] 以及动态光散射技术（Dynamic Light Scattering，DLS)[22] 虽均可获得示踪离子的均方位移，但仍存在一些缺陷：（1）波谱技术仅限于较短时间内的短程位移测量，同时需要高浓度的示踪溶剂，易导致测试材料性能的改变；（2）荧光光谱示踪法烦琐实验流程和复杂的设计，易造成实验误差，导致结果的准确性降低；（3）动态光散射法适用于均匀分散体系，不适用于固液混合易分离体系。微分动态显微技术（Differential Dynamic Microscopy，DDM）的出现弥补了上述技术的缺陷，既可在显微镜试验中收集分散体系真实的颗粒图像，又可基于图像处理计算法结合图像差异和空间傅立叶变化，获得散射矢量和时间的函数关系，适用于复杂胶体悬浮液体系颗粒的运动学[24]。因此，基于微分动态显微技术的微流变仪已广泛应用于各行各业中探索复杂分散体系的黏弹性特性。

微流变分析仪（Rheolaser LAB6™，France，图 4-2）测量地质聚合物新拌浆体的黏弹性转变历程。与传统采用应力或应变来测量的材料黏弹性的方法相比，微流变可通过原位技术探测微米长度尺度材料的黏弹性，已广泛地应用于胶体、凝胶以及水泥等领域[25-26]。微观流变学基于扩散波谱（MSD），将颗粒热运动与产品的黏弹性相关联。根据干涉图像的变化（称为散斑图像）计算 MSD，其实验流程如图 4-2 所示。

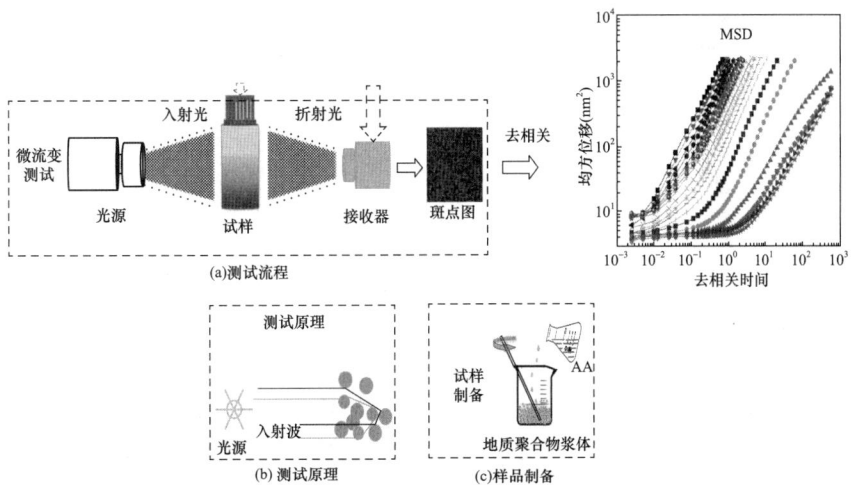

图 4-2 新拌浆体黏弹性测试流程图

（1）根据《混凝土外加剂匀质性试验方法》（GB/T 8077—2023），按配合比设计制备实验所用的地质聚合物新拌浆体。

（2）将新鲜的地聚合物糊状物倒入 20mL 直径 25mm 的圆柱形玻璃瓶中，置于 25℃恒温条件的微流变分析仪中，采用 650nm 波长的相干激光束照射样品造成了其激光束反向散射波，记录其颗粒运动轨迹。根据干涉图像的变化（称为散斑图像）计算均方位移（Mean Square Displacement，MSD），如图 4-3（b）所示。

（3）试验结果处理：根据 MSD 曲线中提取 2h 内的相应参数，定量分析新拌浆体达到初始凝结时间前的黏弹特性：弹性因子（Elastic index，EI），宏观黏度指数（Macroscopic Viscosity Index，MVI），储能模量（Storage Modulus，G'）以及损耗模量（Loss Modulus，G''）等。

其测试原理如下：颗粒的散射作用导致入射光波的偏移相互干涉，形成某一时刻 $r(t)$ 散斑图像；颗粒的热运动导致光谱散斑的变形，得到观测时间尺度（称为"去相关时间"，记作 t_{dec}）内颗粒的运动轨迹，因此可计算出 t_{dec} 的颗粒均方位移（MSD），原理如图 4-3（a）所示[27]。

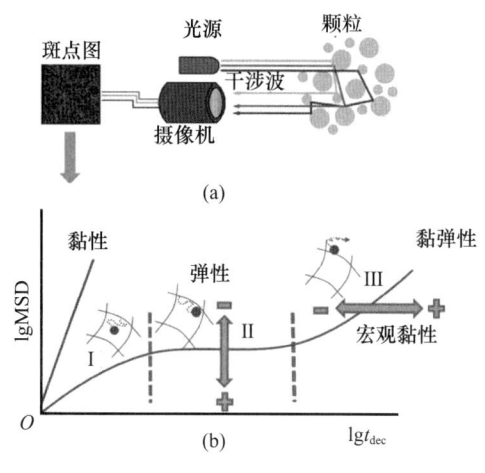

图 4-3　微流变测试原理图

图 4-3（b）为黏性和黏弹性物质的 MSD 曲线图谱[28]。由图 4-3 可知，黏性物质的 MSD 曲线随时间的增长呈现线性增长，这与黏性体系中颗粒的自由运动有关；与纯黏性物质不同，黏弹性体系的 MSD 曲线呈现非线性增长，明显分为三个阶段：（1）阶段Ⅰ：较短时间内，颗粒间形成的团簇结构强度较弱，颗粒仍可自由移动，曲线呈现线性增长；（2）阶段Ⅱ：随时间的延长，颗粒间的束缚作用逐渐增强，颗粒被束缚在团簇结构中，运动空间大幅缩小，MSD 曲线与 X 轴平行，随时间缓慢增长；（3）阶段Ⅲ：MSD 曲线随时间的延长再次呈现线性增长的趋势，表明颗粒难逃出团簇结构的限制。

基于上述 MSD 图谱，选取弹性因子（Elastic Index，EI）、宏观黏度因子（Macroscopic Viscosity Index，MVI）、储能模量（Storage modulus，G'）、损失模量（Loss modulus，G''）、损耗角正切（$\tan\theta = G''/G'$）以及网状结构平均粒径等黏弹性指数为研究对象，探索粉煤灰/矿粉-激发体系新拌浆体的黏弹性转变过程：（1）弹性因子（EI）：其值与 MSD 曲线中Ⅱ阶段的 MSD 值有关，反映体系的黏弹性，曲线越趋向于 X 轴，体系弹性越强；(2) 宏观黏度因子（MVI）：其值是 MSD 曲线Ⅲ阶段的斜率，反映体系的宏观黏度；(3) 储能模量（G'）和损失模量（G''）：量化分散体系的黏弹性转变历程，G' 指因弹性形变而损失的储能模量，用于表征弹性形变行为，G'' 指因黏性形变而损失的损耗能量，反映体系黏性形变行为；(4) θ 体现分散体系的黏弹性比例。

因此，本章从不同激发剂体系（氢氧化钠和水玻璃）下的地质聚合物新拌浆体的角度出发，通过光学微流变仪研究新拌浆体中 EI、MVI、G'、G'' 以及 θ 等黏弹性指数变化，介绍新拌浆体的黏弹性转变历程。

4.3 地质聚合物新拌浆体黏弹性

4.3.1 新拌浆体黏弹指数及影响因素

1）MSD

地质聚合物新拌浆体的 MSD 曲线随时间的变化可分为三阶段：(1) 阶段Ⅰ，较短时间内，颗粒间形成的团簇结构强度较弱，颗粒仍可自由移动，曲线呈现线性增长；(2) 阶段Ⅱ：随时间的延长，颗粒间的束缚作用逐渐增强，颗粒被束缚在团簇结构中，运动空间大幅缩小，MSD 曲线与 X 轴平行，随时间缓慢增长；(3) 阶段Ⅲ：MSD 曲线随时间的延长再次呈现线性增长的趋势，表明颗粒逃出团簇结构的限制，这与水泥基材料新拌浆体基本相类似[29]。图 4-4（a）~图 4-4（h）显示（Ⅰ）阶段曲线时间明显减少，新拌浆体快速转化为（Ⅱ）阶段，颗粒间束缚作用增强，"笼"结构效果显著，颗粒运动空间缩小，MSD 曲线逐渐向 X 轴偏移，弹性性质开始占主导地位。

地质聚合物新拌浆体中颗粒间物理化学反应逐渐增强：(1) 物理作用力。新拌浆体反应初期，大量溶出的活性硅铝酸根增加颗粒间的电荷作用力，颗粒运动空间较大。但随着聚合反应的进行，活性硅铝酸根被消耗，静电斥力显著降低，颗粒运动空间被压缩，"笼"效应增强；(2) 化学作用力。活性硅铝酸根形成大量的反应产物附着在颗粒表面，易在颗粒间形成桥键，将分散颗粒逐渐聚拢，造成浆体内部分散颗粒的"笼"结构的增强，导致弹性的增加。

氢氧化钠激发体系相似，水玻璃激发体系新拌浆体的 MSD 曲线仍存在三个明显的区域：颗粒仍可做自由移动阶段，MSD 曲线呈现线性增长；颗粒被束缚在团簇结构中，MSD 曲线与 X 轴平行；颗粒逃出团簇结构的限制，MSD 曲线呈线性增长的趋势。然而，与氢氧化钠激发体系不

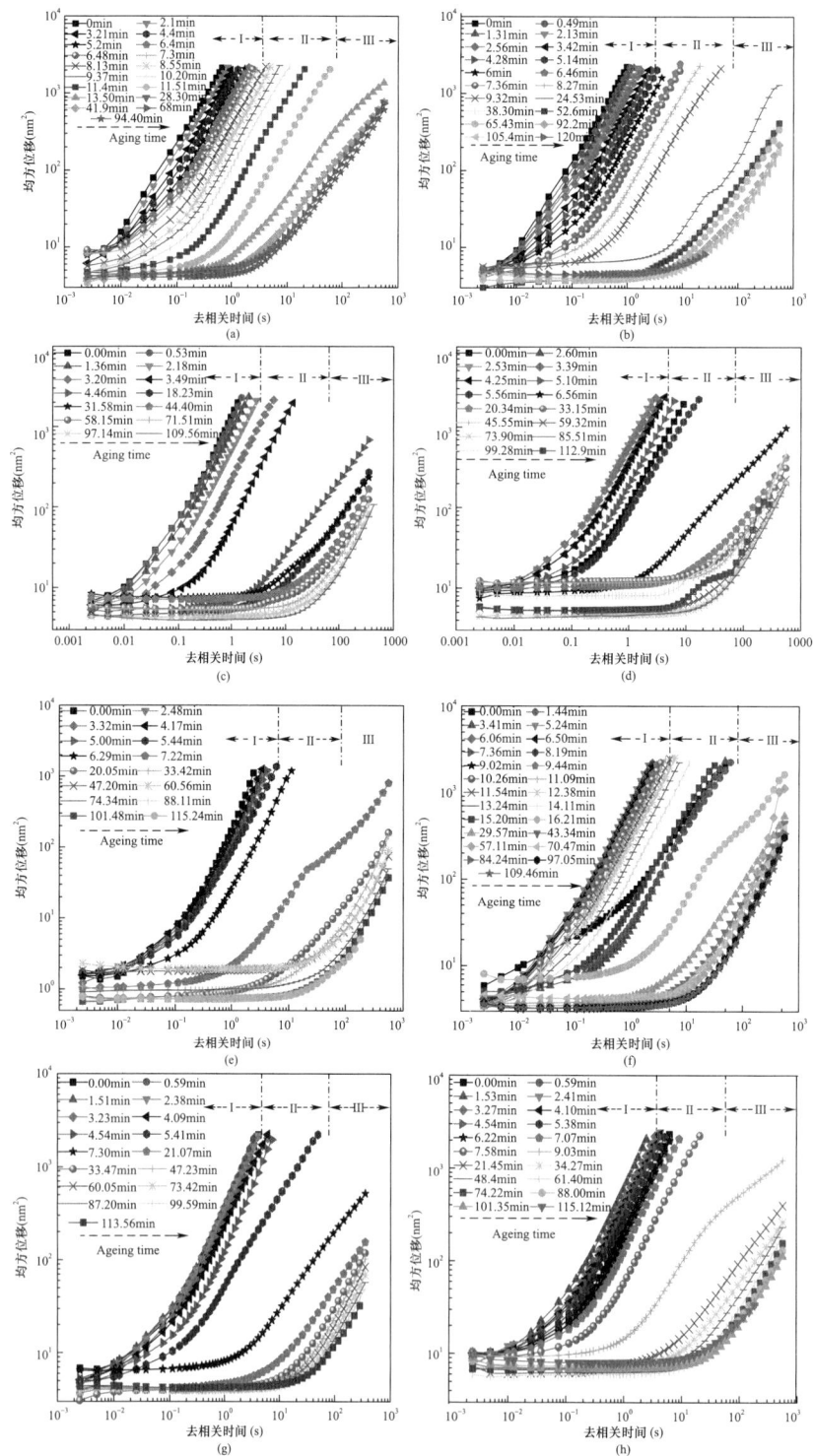

图 4-4 不同氢氧化钠掺量下地质聚合物新拌浆体体系 MSD 曲线

同，水玻璃体系新拌浆体 MSD 曲线中以线性增长的（Ⅰ）阶段为主，颗粒间束缚作用较小，颗粒自由运动，分散性提高，流动性增加。同时，水玻璃激发体系新拌浆体的 MSD 曲线中（Ⅰ）阶段与（Ⅱ）阶段的转变时间明显缩短，颗粒间束缚力快速增长，"笼"结构效应明显，分散性差，流动度降低。新拌浆体 MSD 曲线随水玻璃激发剂 M_s 的变化规律，如图 4-5（a）～图 4-5（c）所示。一方面，随激发剂 M_s 的降低，新拌浆体 MSD 曲线中（Ⅱ）阶段逐渐被（Ⅰ）阶段所取代，表明新拌浆体中颗粒间的束缚力降低，颗粒运动空间增加，自由度提高，分散性改善，流动度增加。与此同时，低 M_s 的新拌浆体中（Ⅰ）阶段与（Ⅱ）阶段的转变时间明显缩短，颗粒间的"笼"结构迅速形成，束缚作用快速增长，颗粒间相互作用力明显增大，形成大量团簇结构，导致流动度损失较快。

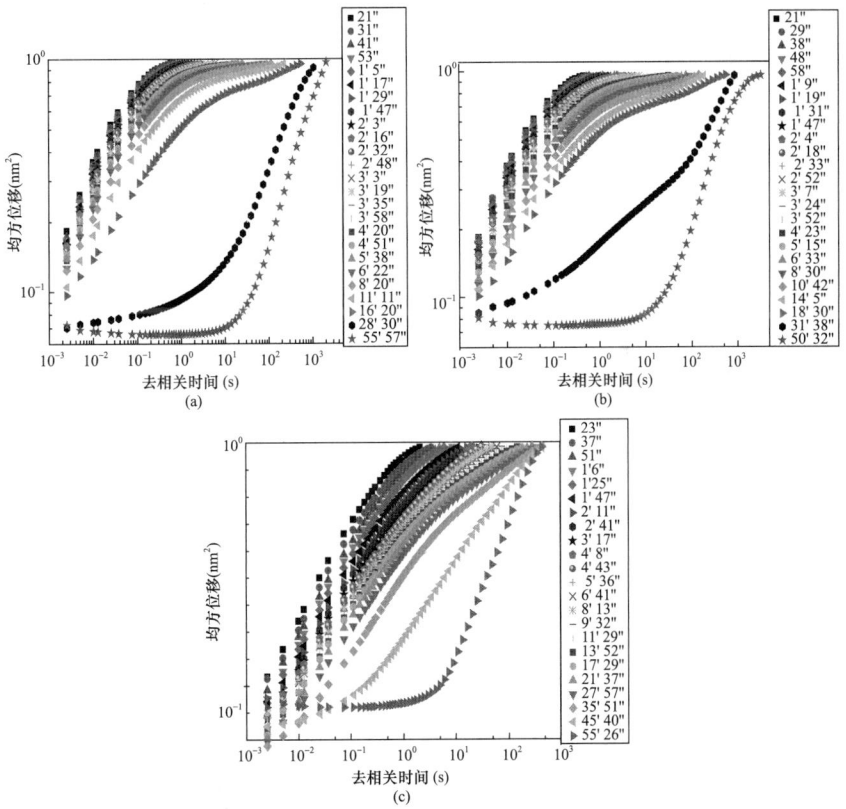

图 4-5 不同水玻璃模数下地质聚合物新拌浆体的 MSD 曲线

2）EI

氢氧化钠地质聚合物体系新拌浆体的弹性因子（Elastic Index，EI）随时间总体呈现上升的趋势：反应初期，新拌浆体 EI 曲线偏向于 Y 轴，增长速率较快，呈现线性增长；随时间的延长，新拌浆体 EI 曲线逐渐与 X 轴平行，增长速率缓慢，逐渐趋于某一稳定值。同时，图 4-6（a）与图 4-6（b）表明氢氧化钠激发剂掺量的不同导致新拌浆体 EI 的差异性：（1）低激发剂掺量的新拌浆体（NA-1#-NA-3#）的 EI 随时间延长而增大到某一特定值后，趋于平衡；（2）与低激发剂掺量新拌浆体不同，NA-4#-NA-8# 的 EI 变化趋势呈现先降低后增加的趋势。同时由图 4-6（b）可知，较 NA-7#和 NA-8#（高激发剂掺量）相比，NA-5#和 NA-6#（中激发剂掺量）拐点位置向右移动，具有较高的 EI 稳定值，这可能与其早期反应有关。

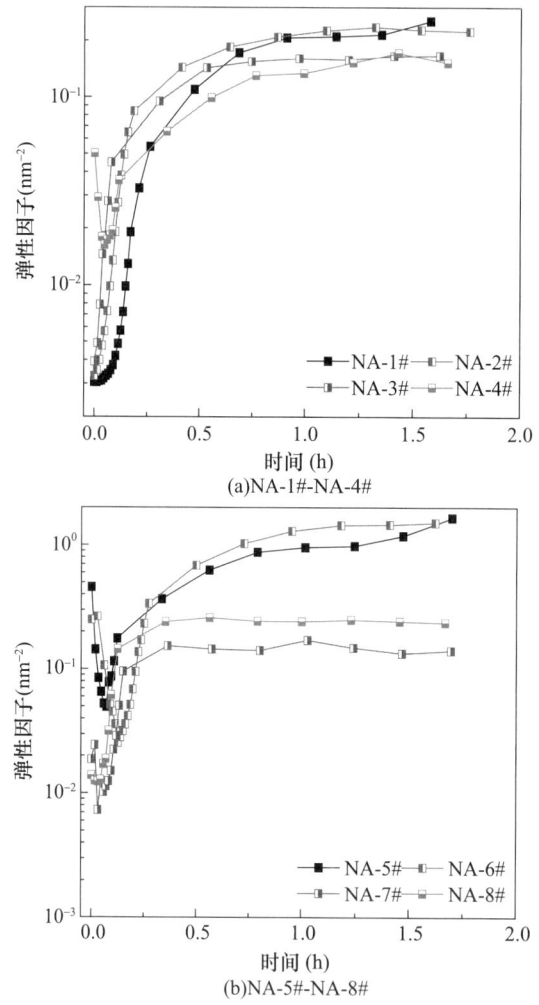

图 4-6 氢氧化钠掺量对新拌浆体 EI 的影响

NA-1#为 2% NaOH 掺量； NA-2#为 4% NaOH 掺量；
NA-3#为 6% NaOH 掺量； NA-4#为 8% NaOH 掺量；
NA-5#为 10% NaOH 掺量； NA-6#为 12% NaOH 掺量；
NA-7#为 14% NaOH 掺量； NA-8#为 16% NaOH 掺量

图 4-7 为水玻璃激发地质聚合物体系新拌浆体的黏弹性指数随时间的变化曲线图。从图 4-7 中可以看出，拌浆体的弹性因子（Elastic

Index，EI）随时间总体呈现上升的趋势：反应初期，新拌浆体 EI 曲线偏向于 Y 轴，增长速率较快，呈现线性增长；随时间的延长，新拌浆体 EI 曲线逐渐与 X 轴平行，增长速率缓慢，逐渐趋于某一稳定值。与 $M_s=2.5$ 与 $M_s=2.0$ 相比，低 M_s 的新拌浆体（$M_s=1.5$）早期的 EI 曲线更加偏向于 X 轴，具有低的弹性因子；随时间的延长，低 M_s 的新拌浆体的 EI 曲线偏移于 Y 轴，具有高斜率的线性增长趋势，后期其 EI 值高于其他 M_s 新拌浆体的 EI 曲线所对应的值。

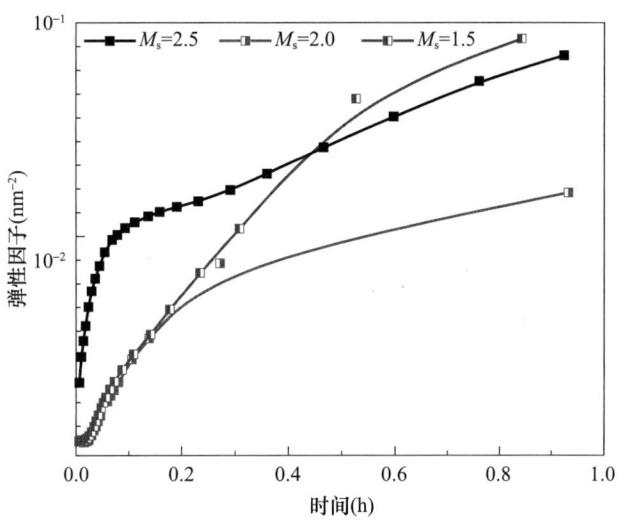

图 4-7 水玻璃激发剂模数对新拌浆体 EI 的影响

3）MVI

由图 4-8 可以看出，粉煤灰/矿粉-氢氧化钠激发体系新拌浆体的宏观黏度因子（Macroscopic Viscosity Index，MVI）与弹性因子（Elastic Index，EI）随时间变化趋势相同，呈现上升的趋势。反应初期，新拌浆体 MVI 曲线斜率偏向于 Y 轴，增长速率较快，呈现线性增长；随时间的延长，新拌浆体的 MVI 曲线逐渐与 X 轴平行，增长速率缓慢，逐渐趋于某一稳定值。同时，图 4-8（a）与图 4-8（b）表明氢氧化钠激发剂掺量的不同导致新拌浆体的 MVI 的差异性：（1）低激发剂掺量的新拌浆体（NA-1#-NA-3#）的 MVI 随时间延长而增大到某一特定值后，趋于平衡；（2）与低激发剂掺量新拌浆体不同，NA-4#-NA-8#的 MVI 变化趋势呈现先降低后增加的趋势。

上述现象可能与颗粒中活性硅铝酸盐的溶出有关：低激发剂掺量下，颗粒硅铝酸根活性组分溶出速率较慢，电荷作用力较弱，并未影响其"笼"结构的形成；然而，高激发剂掺量条件下的高碱性环境加快了活性组分的溶出，大量硅酸根与铝酸根的生成，静电作用力显著增加，阻碍了"笼"结构的形成，EI 和 MVI 显著降低；但随时间的延长，活性硅铝酸根被消耗生成聚合反应产物将分散的颗粒连接起来，加快了"笼"结构的形成，EI 和 MVI 显著增加；当反应达到某一阶段时，反应产物不断致密化，颗粒间连接稳定，"笼"结构达到稳定状态，新拌浆体的 EI 和 MVI 达到稳定值。

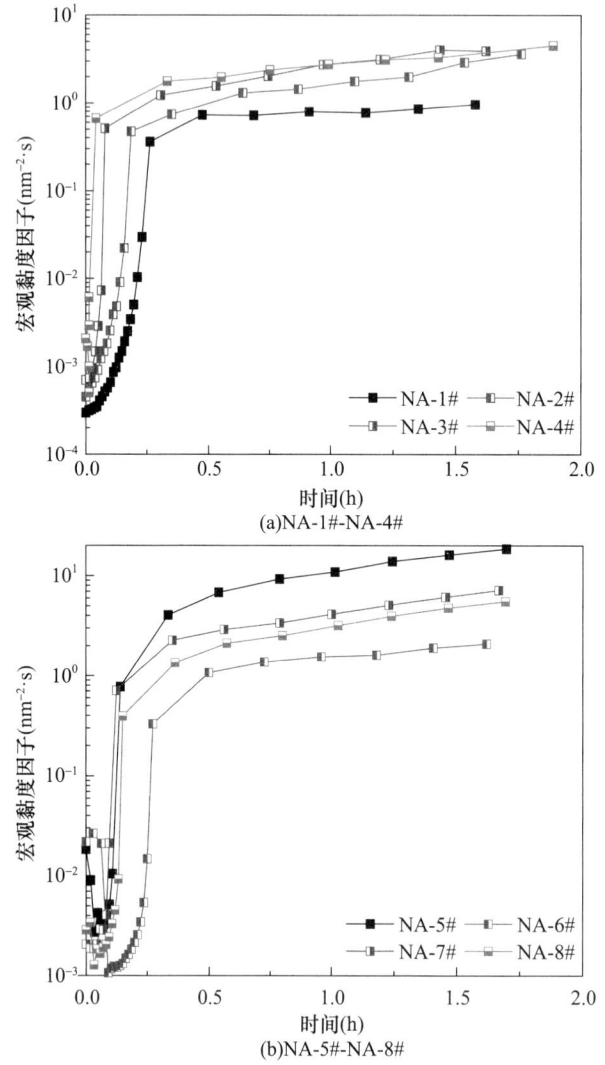

图 4-8 氢氧化钠掺量对新拌浆体 MVI 的影响

拐点的出现可能与其浆体中颗粒活性组分的溶出有关：高碱性环境促进了大量的活性组分的溶出，缩短了溶出时间，拐点提前。同时过量的活性组分易在颗粒表面形成产物薄膜，阻碍聚合反应的进行，降低体系"笼"结构效应，因此具有较低的弹性因子稳定值。

水玻璃激发地质聚合物体系新拌浆体的宏观黏度因子（Macroscopic Viscosity Index，MVI）与弹性因子（Elastic Index，EI）随时间变化趋势相同，呈现上升的趋势。反应初期，新拌浆体 MVI 曲线斜率偏向于 Y 轴，增长速率较快，呈现线性增长；随时间的延长，新拌浆体的 MVI 曲线逐渐与 X 轴平行，增长速率缓慢，逐渐趋于某一稳定值。同时，图 4-9 中 MVI 曲线的变化，表明水玻璃模数的改变导致新拌浆体的 MVI 的差异性：（1）反应初期，低 M_s 的水玻璃新拌浆体具有较低的黏度因子；（2）由 MVI 曲线斜率变化趋势可知，低 M_s 水玻璃的激发环境有助于新拌浆体宏观黏度因子的发展。随时间延长，低 M_s 的新拌浆体 MVI 逐渐增加，最终超过其他新拌浆体同一时刻下的宏观黏度因子数值。

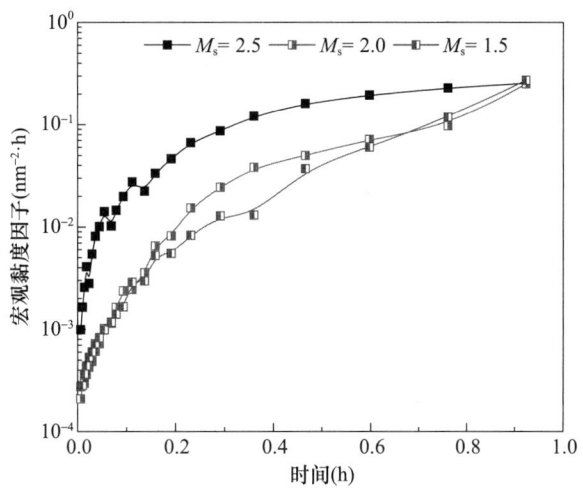

图 4-9 水玻璃激发剂模数对新拌浆体 MVI 的影响

上述现象可能与不同 M_s 下水玻璃激发剂的结构特性有关。低 M_s 水玻璃中聚硅酸结构单元表面吸附了紧密排列的 Na^+ 离子层。一方面，为形成能量较低的结构，聚合硅酸易形成球状的结构单元，团簇状结构能量降低，导致粒径尺寸降低；另一方面，水玻璃中大量形成，大幅地削弱了 Si-O-Si 的键合强度，形成大量的单聚体硅酸结构。因此，随 M_s 的降低，水玻璃激发剂中支链型与体型配位结构单元组逐渐被线形与球形的等简单的低配位结构单元所取代，形成了分子量较小的聚硅酸结构，团簇结构被破坏，造成了其粒度的降低。（1）随水玻璃激发剂 M_s 的降低，新拌浆体中支链型/体型结构的聚合硅酸颗粒与固体颗粒形成粒径较大的团簇结构逐渐被球形与线形结构的聚合硅酸颗粒取代。与支链型和体型复杂聚合硅酸结构相比，线形与球形结构的聚合硅酸与固体颗粒易形成结构松散的长链状团簇结构，颗粒的束缚作用力降低，自由度增加，"笼"结构作用效应微弱，导致新拌浆体 MSD（I）阶段所占比例增，具有较低的 MVI 值和 EI 值；（2）Q^0，Q^1 以及 Q^2 等低配位高活性聚合硅酸结构是低 M_s 水玻璃激发剂的主要组成成分，具有较高的反应活性，易于颗粒中的活性溶出组分发生聚合反应生成前驱体物质，附着在颗粒表面，起颗粒间的桥接作用，增加颗粒间的束缚作用力，加快（Ⅰ）阶段与（Ⅱ）阶段的转变速度，因此新拌浆体的 MVI 和 EI 曲线具有较快的增长趋势。

4.3.2 新拌浆体黏弹性转变历程及影响因素

作为新拌浆体黏弹性转变的重要指数[30-31]，储能模量（Storage Modulus, G'）和损耗模量（Loss Modulus, G''）直观地体现了浆体内部结构的转变历程，因此本书选取 G' 和 G'' 作为评价指标探索氢氧化钠掺量对其新拌浆体内部结构的影响。基于图 4-10 结果分析，本研究选取 1Hz 的固定频率，NA-1# ~ NA-8# 不同激发剂掺量的新拌浆体处于同一黏弹性，排除频率对黏弹性的影响因素。图 4-11 为不同氢氧化钠激发剂掺量下的新拌浆体的 G' 和 G'' 的变化过程，探索其黏弹性的转变历程。由图 4-11 可以看出，随时间的延长，新拌浆体的 G' 曲线呈现线性增长的趋势，达到几乎恒定的值。而 G'' 与之相反，随时间延长趋向于零值。同时，当 $G'' > G'$ 时，表明新拌浆体以黏性行为为主；而当 $G' > G''$ 时，表明新拌浆体弹性行为占主导地位。图 4-11（a）~ 图 4-11（h）表明，新拌浆体的黏弹性 G' 和 G'' 随时间变化趋势并未受氢氧化钠激发剂掺量的影响，均呈现由黏性流体到弹性流体的转变。氢氧化钠激发剂掺量的改变仅导致新拌浆体黏弹性转变点的变化，表明其从黏性流体到弹性流体的转变速率的改变。

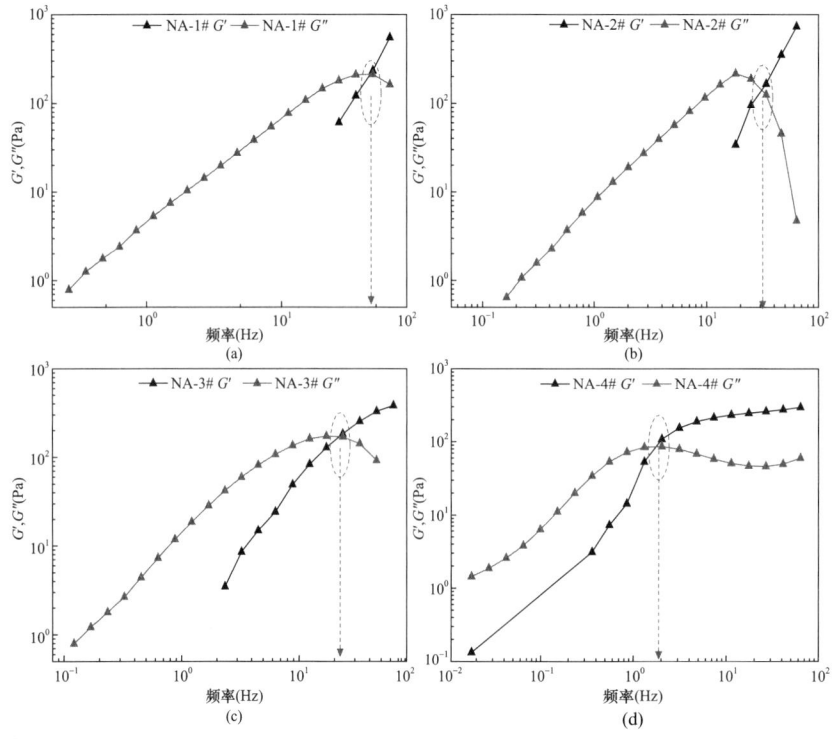

4 新拌浆体的黏弹性转变历程

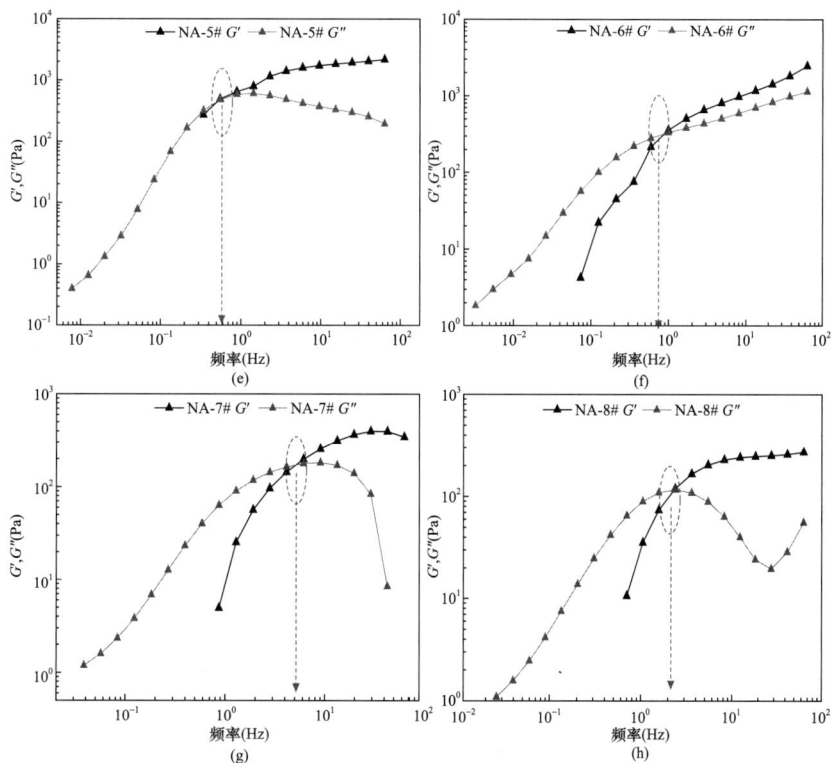

图 4-10 粉煤灰/矿粉-氢氧化钠激发体系
新拌浆体的 G' 和 G'' 随频率的变化规律

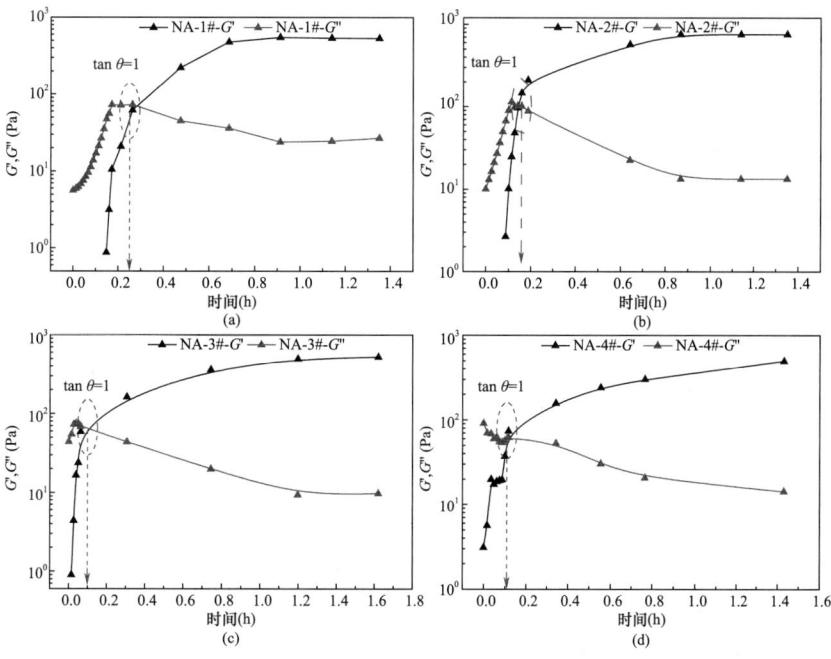

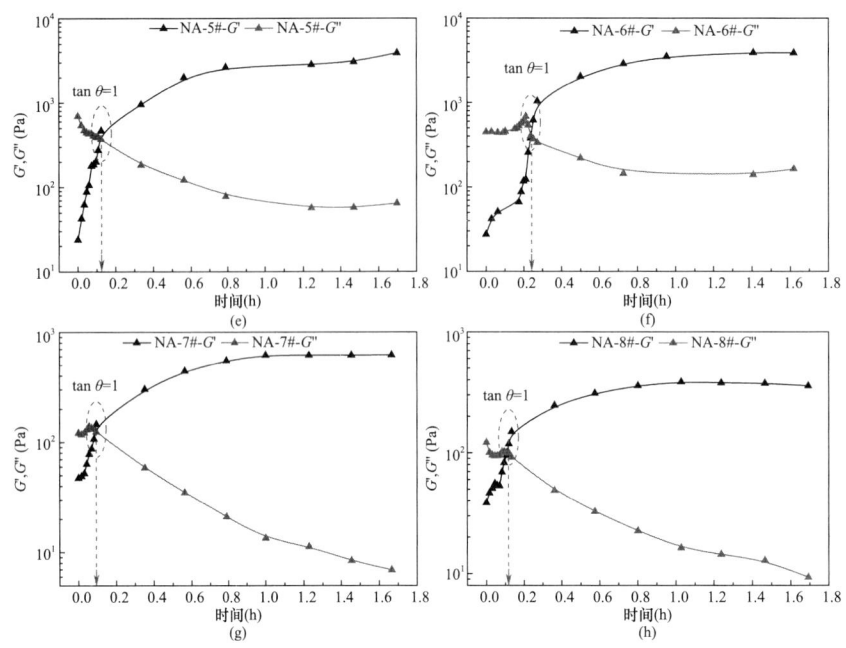

图 4-11 不同氢氧化钠激发剂掺量下，
地质聚合物新拌浆体 G' 和 G'' 随时间的变化过程

图 4-10 为新拌浆体 G' 和 G'' 随不同频率的变化规律。由图 4-10 可以看出，G' 在低频和中频的条件下占主导地位，而在高频阶段，G'' 明显高于 G'，起主导作用。低频阶段与慢弛豫时间有关，高频表明其具有快的弛豫时间。弛豫时间是一种动力学系统的特征时间：处于平衡态的系统受外界瞬间扰动后，经一定时间必能回复到原来的平衡态，系统所经历的时间即为弛豫时间。短的弛豫时间表明系统具有强的自我恢复能力，反之亦然。

基于图 4-11（a）~图 4-11（h）可知，氢氧化钠激发剂掺量的差异导致新拌浆体 G' 和 G'' 随频率变化规律的改变。激发剂掺量的增加，在中频范围内 G'' 曲线左移，新拌浆体中黏弹性的主导地位的 G' 逐渐被 G'' 取代。当激发剂掺量增加到 NA-7# 与 NA-8# 时，新拌浆体的 G'' 曲线明显右移，G' 的主导地位增强。这表明，随氢氧化钠激发剂的增加，新拌浆体平衡状态破坏后的恢复能力有所提高，这可能与其颗粒间连接方式与作用力有关。

图 4-12 为不同水玻璃激发剂模数下，地质聚合物新拌浆体 G' 和 G''（黏弹性转变历程）随时间的变化趋势图。从图 4-12 可以看出，当水玻璃激发剂 $M_s=2.5$ 时，新拌浆体黏弹性转换点 θ 位于 0.15h 左右，由黏性流体转变为弹性固体，弹性性质占据主导地位；与 $M_s=2.5$ 与 $M_s=2.0$ 水玻璃激发剂新拌浆体相比，$M_s=1.5$ 新拌浆体 θ 位点向左偏移，表明

其弹性特性增长加快，黏弹性转变时间降低，转变速率加快；黏弹性转变速度明显加快，其流动度损失加快，保持性较差。图4-13为水玻璃激发剂 M_s 对地质聚合物新拌浆体黏弹性转变历程的影响。

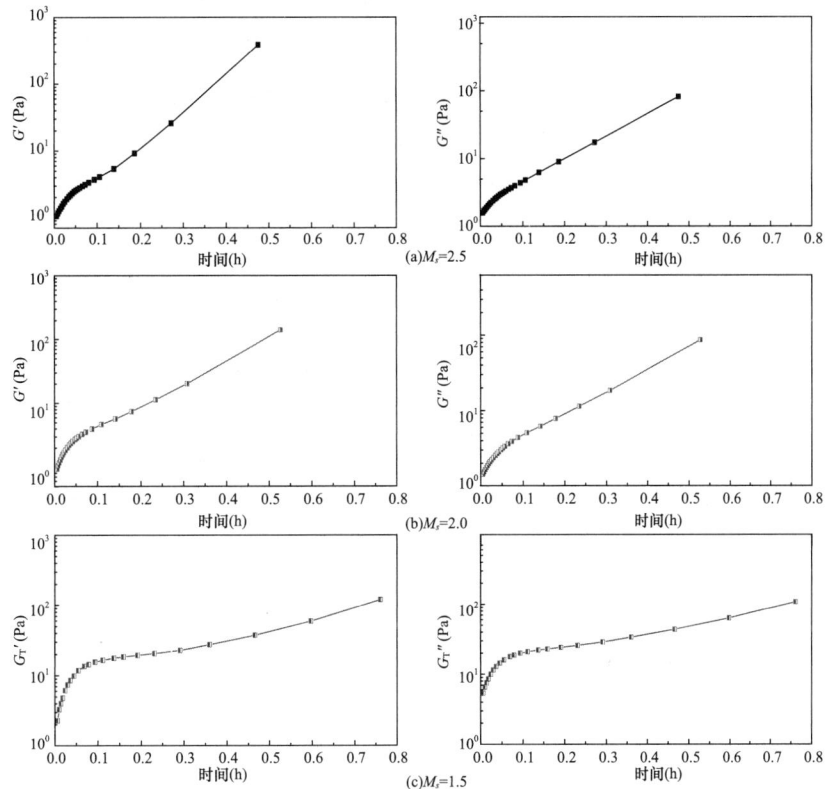

图 4-12　水玻璃激发剂 M_s 对地质聚合物新拌浆体 G' 和 G'' 的影响

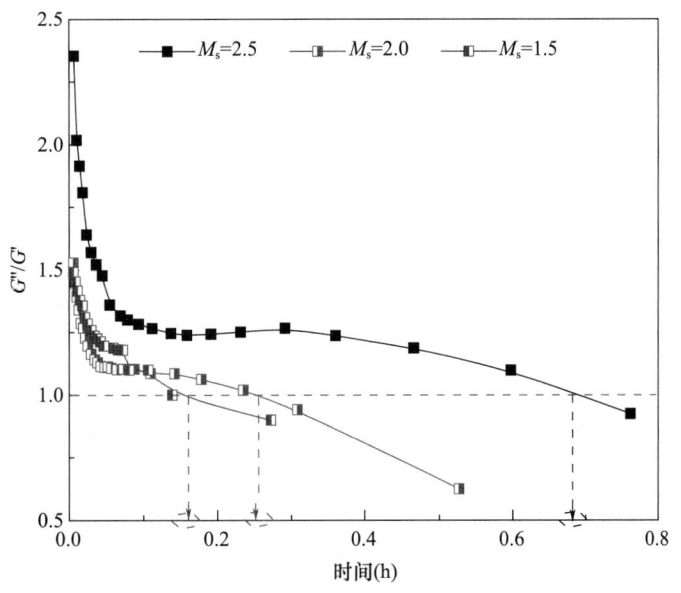

图 4-13　水玻璃激发剂 M_s 对地质聚合物新拌浆体黏弹性转变历程的影响

4.4 总结

当前的各种测试手段，可在无外力破坏的条件下全方位研究多分散体系完整微观结构，实现了原位无扰动的测试过程，为新拌浆体的转变历程提供了优异的测试方法。采用这些新型的研究手段来研究新拌水泥浆体，可以获得包含黏弹性、水泥水化进程、外加剂作用等丰富的信息，此种研究值得进一步深入扩展。

参考文献

[1] SCHULTZ M A, STRUBLE L J. Use of oscillatory shear to study flow behavior of fresh cement paste [J]. Cement and Concrete Research, 1993, 23 (2): 273-282.

[2] MARTINI S A, NEHDI M. Coupled effects of time and high temperature on rheological properties of cement pastes incorporating various superplasticizers [J]. Journal of Materials in Civil Engineering, 2009, 21 (8): 392-401.

[3] PAPO A, PIANI L. Flow behavior of fresh Portland cement pastes [J]. Particulate Science and Technology, 2004, 22 (2): 201-212.

[4] PAPO A, PIANI L. Effect of various superplasticizers on the rheological properties of Portland cement pastes [J]. Cement and Concrete Research, 2004, 34 (11): 2097-2101.

[5] BELLOTTO M. Cement pastes prior to setting: A rheological approach [J]. Cement and Concrete Research, 2013, 52: 161-168.

[6] 陈洪辉. 动态流变测试中的运动控制与测量技术开发 [D]. 广州：华南理工大学，2020.

[7] POULESQUEN A, FRIZON F, LAMBERTIN D. Rheological behavior of alkali-activated metakaolin during geopolymerization [J]. Journal of Non-Crystalline Solids, 2013, 357 (21): 3565-3571.

[8] LARRARD F D, FERRARIS C F, SEDRAN T. Fresh concrete: A Herschel-Bulkley material [J]. Materials & Structures, 1998, 31 (7): 494-498.

[9] JULIEN R, ARNAUD P, FABIEN F. Viscoelastic monitoring of curing geopolymer by ultrasonic rheology [J].

[10] STEINS P, POULESQUEN A, DIAT O, et al. Structural Evolution during Geopolymerization from an Early Age to Consolidated Material [J]. Langmuir, 2012, 28 (22): 8502-8510.

[11] FAVIER A, HABERT G, et al. Mechanical properties and compositional heterogeneities of fresh geopolymer pastes [J]. Cement and Concrete Research, 2013, 48: 9-16.

[12] ROUYER J, POULESQUEN A, STRUBLE L. Evidence of a Fractal Percolating Network During Geopolymerization [J]. Journal of the American Ceramic Society, 2015, 98 (5): 1580-1587.

[13] MACDONALD S A, SCHARDT C R, MASIELLO D J, et al. Dispersion analysis of FTIR reflection measurements in silicate glasses [J]. Journal of Non-Crystalline Solids, 2000, 275 (1): 72-82.

[14] MASON T G, WEITZ D A. Optical measurements of frequency-dependent linear viscoelastic moduli of complex fluids [J]. Physical Review Letters, 1995, 74 (7): 1250.

[15] DASGUPTA B R, TEE S Y, CROCKER J C, et al. Microrheology of polyethylene oxide using diffusing wave spectroscopy and single scattering [J]. Physical Review E, 2002, 65 (5): 501-505.

[16] MAESTRO A, GONZÁLEZ C, GUTIÉRREZ J M. Rheological behavior of hydrophobically modified hydroxyethyl cellulose solutions: A linear viscoelastic model [J]. Journal of Rheology, 2002, 46 (1): 127-143.

[17] OPPONG F K, BRUYN J R D. Microrheology and dynamics of an associative polymer [J]. European Physical Journal E, 2010, 31 (1): 25-35.

[18] GARDEL M L, VALENTINE M T, CROCKER J C, et al. Microrheology of Entangled F-Actin Solutions [J]. Physical Review Letters, 2003, 91 (15): 158-172.

[19] TSENG Y, WIRTZ D. Mechanics and Multiple-Particle Tracking Microheterogeneity of α-Actinin-Cross-Linked Actin Filament Networks [J]. Biophysical Journal, 2001, 81 (3): 1643-1656.

[20] VELEGOL D, LANNI F. Cell traction forces on soft biomaterials. I. Microrheology of type I collagen gels [J]. Biophysical Journal, 2001, 81 (3): 1786-1792.

[21] OPPONG F K, COUSSOT P, JOHN R DE B. Gelation on the microscopic scale [J]. Physical Review E., 2008, 78 (2): 385-405.

[22] MASON T G, GANG H, WEITZ D A. Rheology of complex fluids measured by dynamic light scattering [J]. Journal of Molecular Structure, 1996, 383 (1-3): 81-90.

[23] RATHGEBER S, BEAUVISAGE H J, CHEVREAU H, et al. Microrheology with Fluorescence Correlation Spectroscopy [J]. Langmuir, 2009, 25 (11): 6368-6376.

[24] CERBINO R, TRAPPE V. Differential Dynamic Microscopy: Probing wave vector dependent dynamics with a microscope [J]. Physical Review Letters, 2008, 100 (18): 1881-1887.

[25] CHU H C W, ZIA R N. The non-Newtonian rheology of hydrodynamically interacting colloids via active, nonlinear microrheology [J]. Journal of Rheology, 2017, 61 (3): 551-574.

[26] 康万利, 于泱, 杨红斌, 等. 基于微流变法的铬冻胶体系动态成胶过程测定 [J]. 高分子材料科学与工程, 2017, 33 (4): 100-106.

[27] WU C, ZHANG Q, SONG Y, et al. Microrheology of magnetorheological silicone elastomers during curing process under the presence of magnetic field [J]. Aip. Advances, 2017, 7 (9): 95004-95009.

[28] ZHANG D W, WANG D M, XIE F Z. Microrheology of fresh geopolymer pastes with different NaOH amounts at room temperature [J]. Construction and Building Materials, 2019, 207: 284-290.

[29] 张力冉, 苗霞, 孔祥明. 聚羧酸减水剂对水泥浆黏弹性能的影响 [J]. 硅酸盐学报, 2018, 46 (10): 1355-1365.

[30] LU C, ZHANG Z, SHI C, et al. Rheology of alkali-activated materials: A review [J]. Cement and Concrete Composites, 2021, 121: 104061.

[31] ZHANG D W, ZHAO K F, XIE F Z, et al. Effect of water-binding ability of amorphous gel on the rheology of geopolymer fresh pastes with the different NaOH content at the early age [J]. Construction and Building Materials, 2020, 261 (4): 120529.

5 新拌浆体颗粒间表面作用力

颗粒间表面作用力是指颗粒与颗粒间或颗粒与分散介质间相互接近，原子、分子间以及介质产生的相互作用力总和[1]。颗粒间以及颗粒与分散介质间的作用力决定了颗粒的聚集状态，形成新拌浆体的早期结构，导致流变特性的差异。因此，本节从颗粒间表面作用力的角度出发，研究不同激发剂体系对新拌浆体颗粒作用力的影响，将颗粒间表面作用力、微结构与流变特性建立关联。

与水泥基新拌浆体分散体系相似[2-3]，地质聚合物新拌浆体中颗粒间表面的相互作用力可归纳为以下三类：（1）颗粒间因吸引排斥而产生的非接触物理作用力，主要包括范德华力以及电荷作用力等。范德华力，存在于间距小于1nm内的颗粒间，属于近程力；电荷作用力，颗粒表面易与分散介质发生选择性溶解，导致颗粒表面电荷分布不均，产生表面电势，形成界面双电层的电荷作用力，打破了颗粒分散的平衡，属于远程力；（2）颗粒间与水以及激发剂分散体系因物理化学反应而存在的接触性作用力，主要包括布朗运动、水合作用以及颗粒间因物质连接形成的连接力。布朗运动是原子、分子以及团簇结构普遍存在的热运动，与其温度有直接关系。水合作用中，水分散体系中颗粒表面的羟基极性基团与水中极性基团作用，形成氢键将水分子包裹在颗粒团中。（3）与普通固液悬浮分散体系不同[4]，地质聚合物新拌浆体中具有较高的颗粒体积分数，导致浆体中颗粒-颗粒相互作用存在网络结构，这与分散体系中反应初期产物有关。无定形凝胶附着在颗粒表面，易形成颗粒间的桥键，连接成团簇结构。本章主要从颗粒间非接触和接触作用力角度出发，介绍新拌浆体中颗粒间的相互作用力。

5.1 非接触作用力——电荷作用力

粉煤灰/矿粉基地质聚合物新拌浆体中胶凝材料粉体粒径集中在 10～50 μm 之间，远远高于范德华力的作用范畴。因此，地质聚合物新拌浆体颗粒间的非接触作用力以电荷作用力为主。基于双电层理论[5]可知，胶体颗粒表面与颗粒周围带电荷离子的差异，形成 Stern 和扩散层两部分，如图 5-1 所示。当分散粒子在外电场的作用下，稳定层与扩散层发生相对移动时的滑动面即是剪切面，该处对远离界面的流体中某点的电位称为 Zeta 电位或电动电位（ζ为电位），用来评价胶凝颗粒间的电荷作用力。与普通多分散固液悬浮分散体系不同，地质聚合物新拌浆体中颗粒间的化学反应作用随时间的延长迅速增长，占据主导地位，控制颗粒间的作用力。

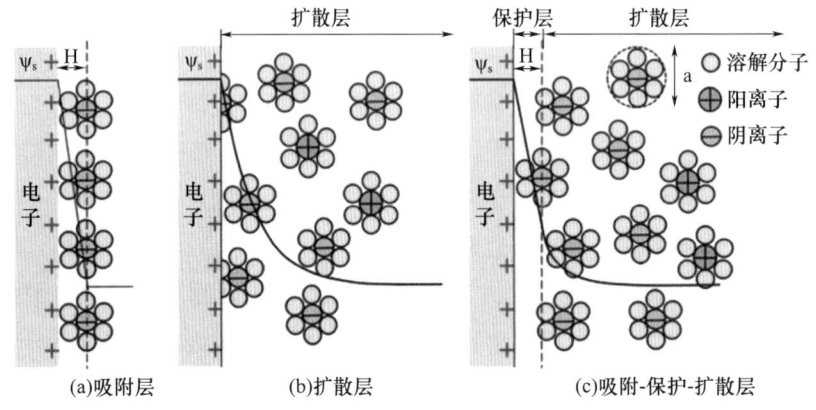

图 5-1　双电层理论原理示意图[5]

下面从激发剂的角度出发，探究不同激发剂对新拌浆体电荷作用力的影响。

5.2.1　氢氧化钠

图 5-2 为不同氢氧化钠掺量对反应初期（5min）新拌浆体 Zeta 电位的影响。由图 5-2 可知，NaOH 掺量的变化导致新拌浆体的 Zeta 电位的改变，地质聚合物新拌浆体中表现为负电荷。随着 NaOH 活化剂掺量的增加，新拌浆体中 |ζ| 由低碱性激发剂掺量（NA-2#NaOH 掺量为 2%）的 2.92mV 增加到高碱性激发剂掺量（NA-8#NaOH 掺量为 16%）的 7.28mV，表明浆体的静电斥力增加，颗粒间电荷作用力增加，凝聚态结构被破坏，分散性提高。这可能与固体颗粒中活性硅酸盐和铝酸盐的溶出有关[6]。由图 5-3 可知，氢氧化钠激发剂掺量的增加加快了新拌浆体中颗粒活性硅铝组分的溶出，增加了溶液中硅铝离子的浓度，大量的硅酸根和铝酸根分布在溶液中[7]。同时，氢氧化钠掺量存在一个阈值（图 5-3 中的 NA-5#NaOH 掺量为 10%），当其掺量低于此值时，活性硅组分随掺量增加溶液中 Si 浓度提高；而当掺量高于此值时，其溶液中 Si 浓度随氢氧化钠掺量的增加而降低，这与 Hajimohammadi 等[6]和邬国栋等[8]实验结果相一致。溶液中 Al 浓度随氢氧化钠激发剂增加而显著提高。

另一方面，由反应初期（5min）新拌浆体的固体颗粒的表面 Si、Al 和 O 元素的连接方式可知（图 5-4），反应初期，NaOH 激发体系的地质聚

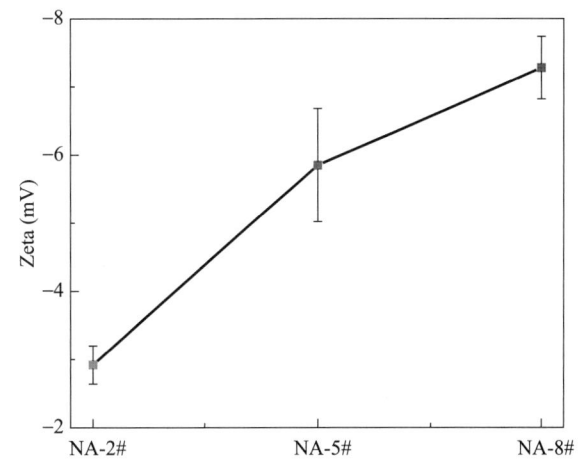

图 5-2 氢氧化钠掺量对反应 5min 后新拌浆体 Zeta 电位的影响

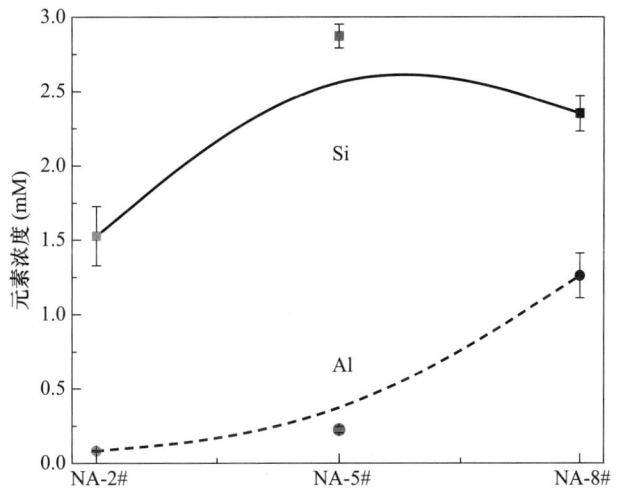

图 5-3 氢氧化钠掺量对新拌浆体颗粒中 Al、Si 溶出的影响

合物新拌浆体颗粒的化学结合能特征峰随激发剂掺量增加而改变。NaOH 量的增加导致 Si_{2p} 结合能特征峰左移，从 102.0eV 到 102.35eV，略微增加 0.35eV；Al_{2p} 的结合能特征峰右移，从 74.21 降低至 74.00eV，铝氧四面体具有比八面体铝低的结合能，即分别为 73.2～74.35eV 和 74.1～75.0eV。

然而，其氧的特征峰发生了明显变化。由图 5-5 可知，氧峰是不对称的，表明存在两种以上不同的氧化学态。研究表明[9-15]，地质聚合物中有三种类型的键：硅骨架键（Si-O-Si）和硅烷醇（Si-O-H）键的峰以及 Si-O-Na 键形式的非桥接等主要存在形式。由图 5-5 可知，Si-O-Na 和 Si-O-H 键所占面积的百分比随着氢氧化钠激发剂掺量的增加而增加。随着 NaOH 量的增加，高掺量氢氧化钠（NA-8#）新拌浆体颗粒中 Si-O-Na 迅速增加至 33.81% 的最大值。因此 Si-O 四面体中的 Si^{4+} 可能被低价的 Na^+ 所取代[16]。

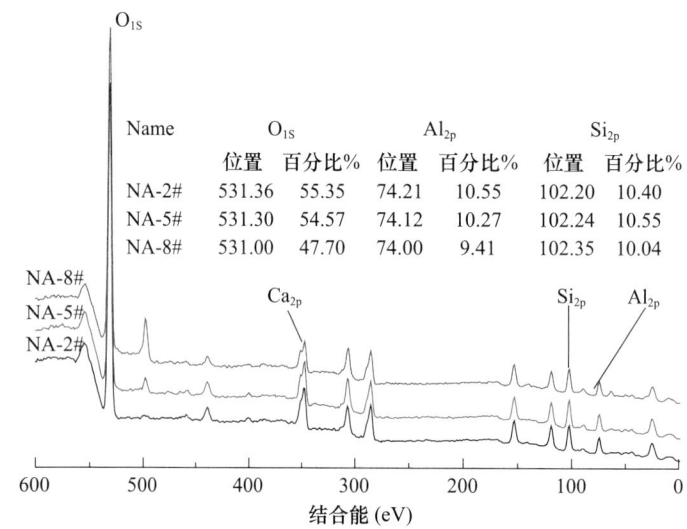

图 5-4　不同氢氧化钠激发剂掺量下地质聚合物的 XPS 图谱

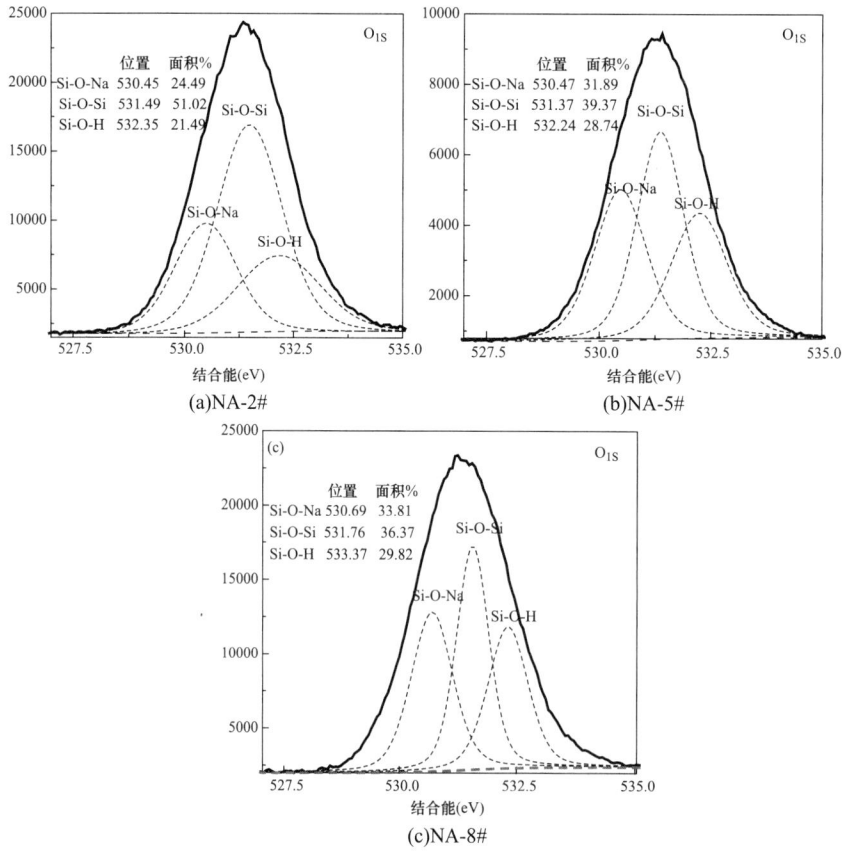

图 5-5　XPS 中 O_{1s} 的分峰拟合图谱

综上所述，新拌浆体反应初期固体颗粒的活性矿物硅酸盐和铝酸盐在碱性溶液的溶出速率随 NaOH 掺量增加而提高，大量的硅酸根和铝酸根分布在溶液；另一方面在地质聚合物新拌浆体反应体系中，Al-O 八面体和 Si-O 四面体中的 Al^{3+}（或 Si^{4+}）可能被低价的 Na^+，K^+，Mg^{2+}，Ca^{2+} 部分取代，从而产生过量的负电，导致其颗粒间静电斥力增加、流动性增强。

5.2.2 水玻璃

图 5-6 所示为不同水玻璃模数对反应初期（5min）新拌浆体 Zeta 电位的影响。由图 5-6 可知，水玻璃模数的变化导致新拌浆体的 Zeta 电位的改变，地质聚合物新拌浆体中表现为负电荷。与氢氧化钠激发体系相比，水玻璃激发体系新拌浆体具有较高的 |ζ| 值，表明其颗粒间电荷作用力增大，颗粒分散性提高，流动度提高。随水玻璃模数的降低，新拌浆体中 |ζ| 由 $M_s=2.5$ 的 5.6mV 增加到 $M_s=1.5$ 的 11.5mV，表明浆体的静电斥力增加，颗粒间电荷作用力增加，凝聚态结构被破坏，分散性提高。

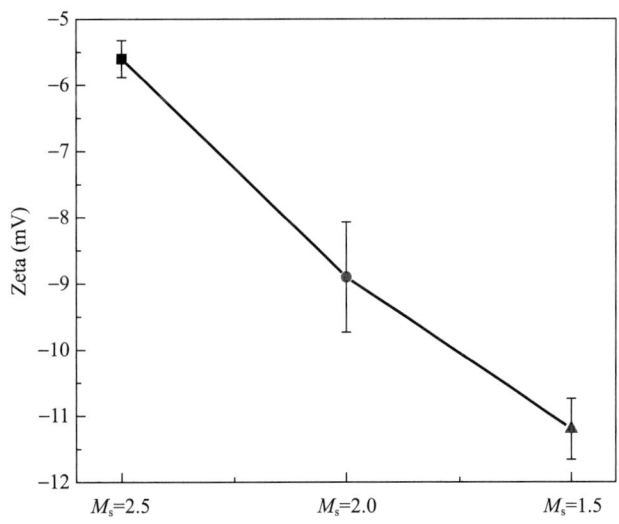

图 5-6 水玻璃激发剂模数对反应初期（5min）新拌浆体的 Zeta 电位的影响

这可能与固体颗粒中活性硅酸盐和铝酸盐的溶出以及水玻璃中聚合硅酸结构的吸附有关：(1) 新拌浆体反应初期固体颗粒的活性矿物硅酸盐和铝酸盐在碱性溶液的溶出速率是一个重要的影响因素。然而，玻璃激发体系中大量未反应的聚合硅酸根在酸性条件下发生凝胶化反应，形成白色沉淀，无法采用电感耦合等离子体光谱仪对其新拌浆体溶液中 Al 与 Si 离子浓度进行测试。同时，水玻璃富含的硅酸根离子会导致新拌浆体溶液中 Si 离子浓度的差异。因此，本节采用分光光度计测量新拌浆体溶液中 Al 离子的浓度。由图 5-7 可知，水玻璃模数的降低有助于固体颗粒活性 Al 离子的溶出。与 $M_s=2.5$ 水玻璃激发体系相比，$M_s=1.5$ 体系新拌浆体溶液中 Al 离子浓度可达到 3.5mM，增加 1.5mM，颗粒间静电作用力增加，改善了分散性，提高了浆体的流动度。（2）在地质聚合物新拌浆体反应体系中，Al-O 八面体和 Si-O 四面体中的 Al^{3+}（或 Si^{4+}）可能被低价的 Na^+，K^+，Mg^{2+}，Ca^{2+} 部分取代，从而产生过量的负电荷。同时，水玻璃中聚合硅酸钠可吸附在固体颗粒表面，提高表面所带电荷，增加 Zeta 电位。除此之外，与 $M_s=2.5$ 的水玻璃支链型和体型的硅酸聚合结构性比，$M_s=1.5$ 水玻璃激发剂存在大量的线形和球形的粒径较小的聚合硅酸结构易吸附在颗粒表面[16-23]，提高表面所带电荷；（3）由图 5-8 和图 5-9 可知，水玻璃模数的降低，Si-O-Si 键逐渐被破坏，Si-O-Na 和 Si-O-H 键所占面积的百分比增加。$M_s=1.5$ 新拌浆体中 Si-O-Na 所占面积由 28.57% 迅速增加至 34.31%，达到最大值。

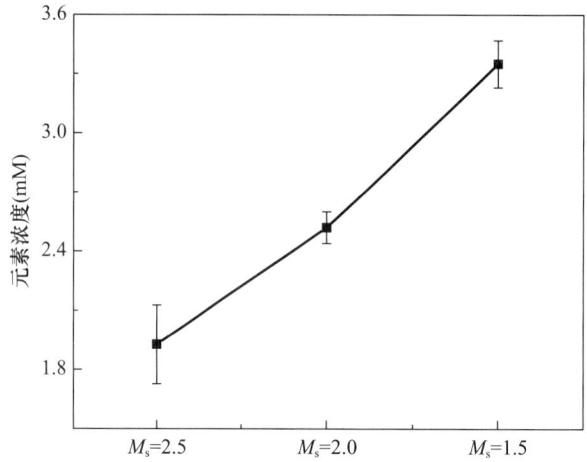

图 5-7 水玻璃模数对新拌浆体颗粒中 Al 离子溶出的影响

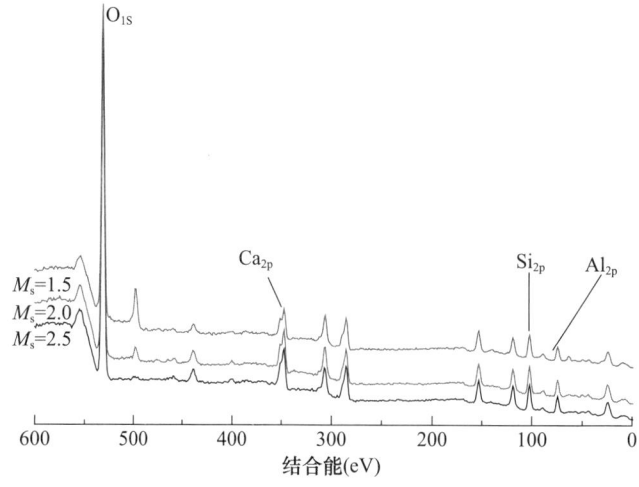

图 5-8 不同水玻璃模数下地质聚合物的 XPS 图谱

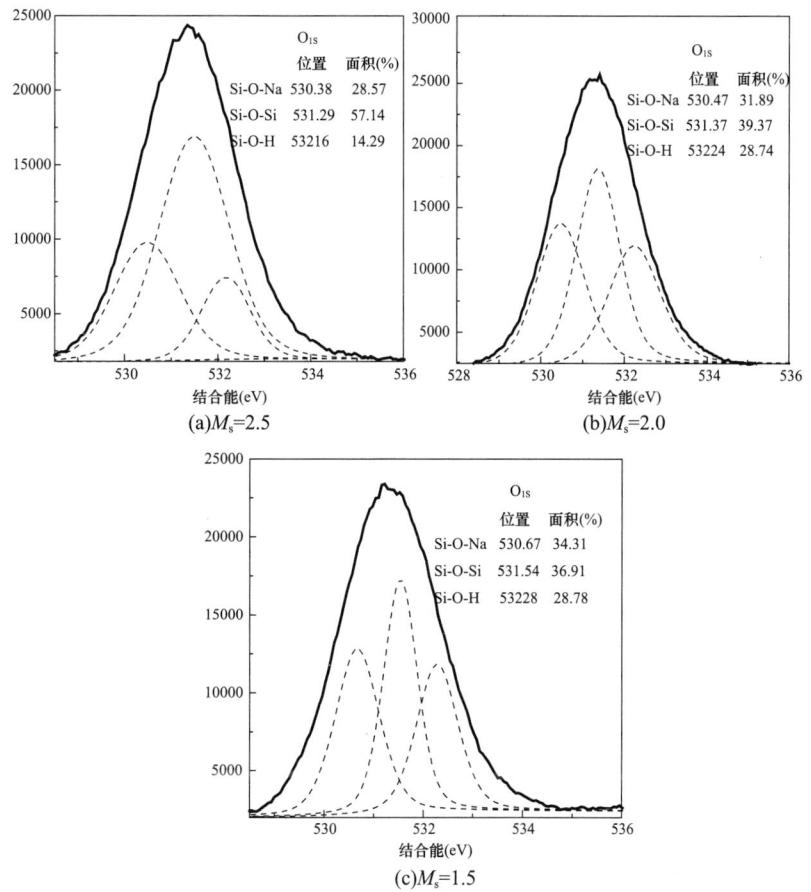

图 5-9　XPS 中 O^{1s} 的分峰拟合图谱

5.2　接触性作用力——水合作用力

5.2.1　低场核磁技术

作为主要的分散介质，水在地质聚合物新拌浆体中为硅铝酸盐的水解缩聚提供离子转移的介质，具有多种的存在形式：(1) 物理吸附水，吸附颗粒，润湿表面；(2) 化学结合水，大部分存在于地质聚合物凝胶表面的孔径，少量存在于 Si 或 Al 羟基/硅烷醇基团中；(3) 反应生成水，地质聚合物聚合反应过程中，前驱体间以氧原子的共价结构将末端羟基基团缩聚形成高聚物，释放产物水；(4) 自由水，可自由移动的水，影响着新拌浆体的分散性。同时絮凝结构的增加，大量的自由水被包裹，降低新拌浆体可用自由水的含量，其流动度较低。因此，新拌浆体水的组成是其流变特性的重要决定性因素之一。当前国内外学者对地质聚合物中水存在形式的研究集中在硬化浆体上，对其进行了深入的探索[24-25],取得了相应的研究进展。然而,缺乏新拌浆体中水的存在形式以及随时间的变化历程的研究,造成其流变性研究的片面性。

低场核磁的优异特性为建筑材料新拌浆体早期特性的原位研究提供了可能性。核磁共振(Nuclear Magnetic Resonance,NMR)是指具有固定磁矩的原子核(如1H、13C等)在恒定磁场与交变磁场的作用下,与交变磁场发生能量交换的现象[25,26]。低场时域核磁共振(Low-Field Nuclear Magnetic Resonance,LF-NMR)是一种快速、精确、无损检测技术[26-27],主要通过测定自旋核之间以及自旋核和周围环境之间的纵向弛豫时间 T_1(自旋-晶格)、横向弛豫时间 T_2(自旋-自旋)以及自扩散系数等弛豫特性,反应质子(1H)的运动性质[28],判断分子种类及分子动力学研究[28]。与 T_1 弛豫时间相比,T_2 弛豫时间的测量范围较广且对多种相态更加敏感,可区分物质中的自由水(不与固体颗粒或其他溶剂作用)、结晶水以及结合水和不可移动水的存在形式。同时为其物质内部水的化学渗透交换研究提供支撑[29]。基于低场核磁优异的原位测试技术可直观获得物质水分状态,国内外学者通过此技术对水泥基材料中的水状态进行了系统化研究。结果表明[30-33],低场核磁技术可在不破坏样品的前提下,利用水分子中质子的弛豫特性可有效地研究水含量以胶凝孔水、毛细孔水以及自由水;可蒸发水的弛豫时间分布随龄期降低,凝胶水逐渐成为主要的组成。因此,在基于低场核磁快速、无损的原位测试技术在地质聚合物材料应用的基础上[34-36],本节通过纽迈的 Micro MR12-025V 型低场核磁共振分析仪测试1H低场核磁共振 T_2 弛豫时间图谱介绍不同配合比下地质聚合物新拌浆体中水的组成及其随时间的转变历程,试验结果如图5-10~图5-16所示。

T_2 弛豫时间的长短反映新拌浆体内部氢分子所处的物理化学性质:T_2 弛豫时间处于较短时间区域内,表明样品内部氢分子与其他物质作用紧密,所受束缚力较大,自由度较低;T_2 弛豫时间处于较长区域内,表示样品内部氢分子受外力作用较小,自由度较高。T_2 弛豫曲线由4个弛豫时间特征峰组成:T_{21} 弛豫时间特征峰、T_{22} 弛豫时间特征峰、T_{23} 弛豫时间特征峰以及 T_{24} 弛豫时间特征峰,其对应的分布范围如下:T_{21} 弛豫时间特征峰,0.1~1ms,凝胶孔中的水;T_{22} 弛豫时间特征峰,1~10ms,毛细孔水;T_{23} 弛豫时间特征峰(20~100ms)、T_{24} 弛豫时间特征峰(400~2000ms)弛豫时间高于20ms,对应于新拌浆体的自由水。这与 McDonald 等[34]和郭晓潞等[36]的研究结果一致。因此,可将 T_2 弛豫时间 =1.0ms 作为可蒸发水与结合水的分界点,用来量化新拌浆体中水组成的演变规律。

5.2.2 新拌浆体中水合作用力的影响因素

1）氢氧化钠体系

图 5-10 所示为不同氢氧化钠掺量下粉煤灰/矿粉激发体系新拌浆体的 T_2 弛豫曲线分布。由图 5-10 可知，氢氧化钠激发体系中水分子的弛豫时间所有特征峰随时间的延长均左移趋于短弛豫时间区域，表明其水分子自由度逐渐降低，转变为凝胶孔中的结合水。同时新拌浆体弛豫峰曲线中 T_{21} 弛豫时间特征峰面积增大，而 T_{22} 弛豫时间特征峰面积降低，故新拌浆体中水随反应时间的延长逐渐由可蒸发水转变为结合水。

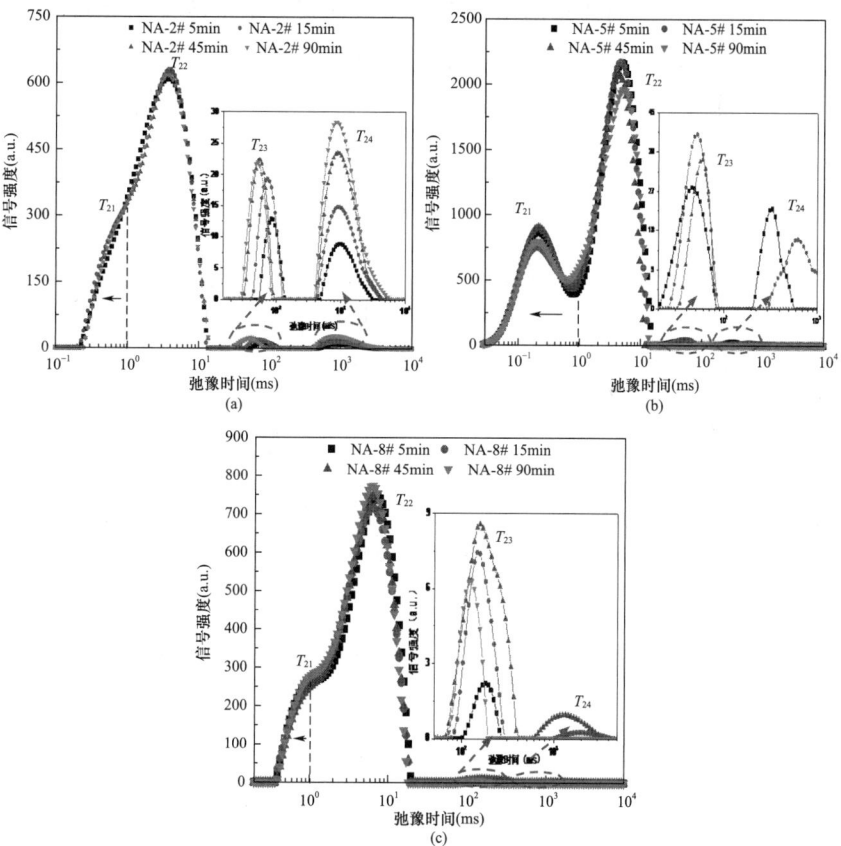

图 5-10 氢氧化钠-粉煤灰/矿粉激发体系新拌浆体的 T_2 弛豫图谱变化过程

随氢氧化钠掺量的增加，新拌浆体中 T_{21} 与 T_{22} 特征峰分割点明显，T_{21} 弛豫时间特征峰随激发剂掺量增加呈现先左移后右移的现象，这可能与不同激发剂掺量下新拌浆体聚合反应历程有关。与低掺量激发环境比，新拌浆体中硅铝酸盐颗粒溶出速率随激发剂掺量增加显著提高，聚合反应速率加快，凝胶结构形成增加。因此新拌浆体中 T_{21} 弛豫时间特征峰左移；但随激发剂掺量继续增加，新拌浆体中大量形成的聚合产物附着颗粒表面阻止反应进行，凝胶结构形成速度降低，故 T_{21} 弛豫时间特征峰左移。新拌浆体中 T_{22} 弛豫时间特征峰未随氢氧化钠激发剂掺量增加而改变，均位于 3~5ms 处，这与新拌浆体中毛细孔结构在高碱性环境下的稳定性相关。

为研究自由水的演变历程，本书选取 5min、45min 以及 90min 等 3 个不同研究时间点，探索不同氢氧化钠掺量对新拌浆体中水的演变历程影响，实验结果如图 5-11~图 5-13 所示。如图 5-11 所示，反应初期（5min）内新拌浆体早期阶段内弛豫时间特征峰随氢氧化钠激发剂掺量增加而异：随氢氧化钠掺量增加，弛豫时间特征峰呈现先增长后下降趋势。氢氧化钠激发剂掺量的增加有助于新拌浆体中可蒸发水/结合水比例（T_2 弛豫时间 = 1.0ms）的提高，T_{23} 弛豫时间特征峰与 T_{24} 弛豫时间特征峰等自由水含量特征峰随氢氧化钠掺量增加而表现为先增加后降低的趋势。

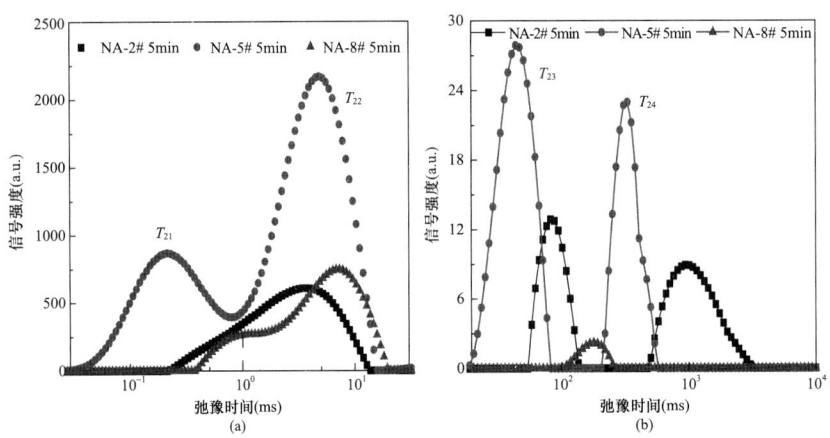

图 5-11 不同氢氧化钠掺量的新拌浆体反应 5min 后的 T_2 弛豫图谱

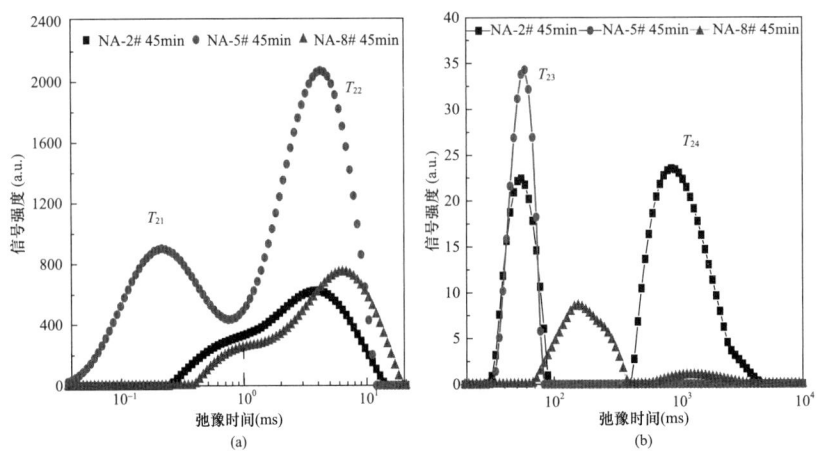

图 5-12 不同氢氧化钠掺量下新拌浆体反应 45min 的 T_2 弛豫图谱

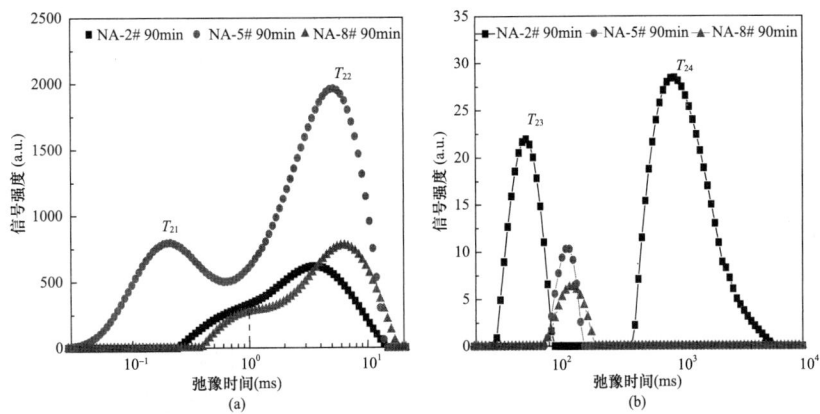

图 5-13　不同氢氧化钠掺量下新拌浆体反应 90min 的 T_2 弛豫图谱

由图 5-12 可以看出，随反应进行到 45min 时，新拌浆体中 T_{21} 弛豫时间特征峰随激发剂掺量的增加而变化：随氢氧化钠激发剂掺量的变化，新拌浆体中 T_{23} 弛豫时间特征峰与 T_{24} 弛豫时间特征峰等自由水含量特征峰中。当反应达到 90min 后，新拌浆体中 T_{21} 和 T_{22} 弛豫时间特征峰未随氢氧化钠激发剂掺量增加而发生明显变化。T_{23} 弛豫时间特征峰与 T_{24} 弛豫时间特征峰等自由水含量随激发剂掺量变化而差异性明显：高氢氧化钠掺量的新拌浆体中含有少量的自由水。

2）水玻璃体系

由图 5-14 可知，与氢氧化钠激发体系相比，水玻璃激发体系新拌浆体反应初期 T_2 弛豫时间特征峰分布集中在 1～10ms 范围内。水分子分布

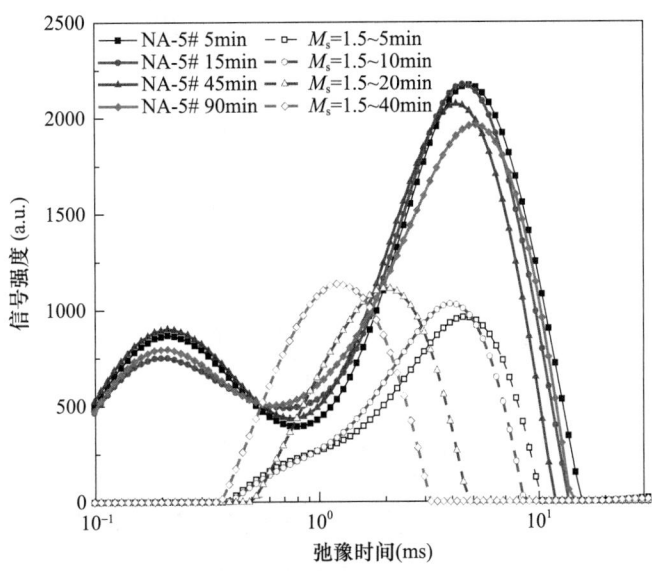

图 5-14　不同激发体系新拌浆体的 T_2 弛豫图谱

主要以毛细孔水为主，伴随少量的水分子（$T_2<1$）被束缚在凝胶孔中，故水玻璃激发体系新拌浆体具有较高可蒸发水/结合水的比例，有助于颗粒的分散性，提高了新拌浆体的流动度，改善了工作性。随时间的延长，水玻璃激发体系新拌浆体 T_2 弛豫时间特征峰快速地左移至 0.1～1ms 区域内，大量的水分子进入凝胶孔结构中被束缚。同时新拌浆体 T_2 弛豫曲线仅由 2 个弛豫峰组成：T_{21} 峰和 T_{22} 峰，其对应的分布范围如下 T_{21} 峰（0.1～1ms）为凝胶孔中的水；T_{22} 峰（1～10ms）为毛细孔水；T_{23} 峰（20～100ms）为自由水。

随水玻璃模数的降低（图 5-15），新拌浆体中 T_2 弛豫时间曲线整体左移至低弛豫时间区域段，表明其新拌浆体中大量的凝胶孔的形成增强了对水的束缚能力，导致流动性降低。其中，新拌浆体反应初期 T_{21} 弛豫时间特征峰右移，峰面积降低，表明其毛细孔结构与束缚能力的下降有关，凝胶水含量降低；T_{22} 弛豫时间特征峰右移，峰面积的增加，毛细孔作用力减弱，毛细孔间水流出，自由水含量增加，颗粒间的分散作用力减弱，分散性提高，流动度增加。同时，如图 5-16（b）所示，随反应时间延长到 20min 时，低 M_s 水玻璃激发新拌浆体 T_2 弛豫时间曲线只

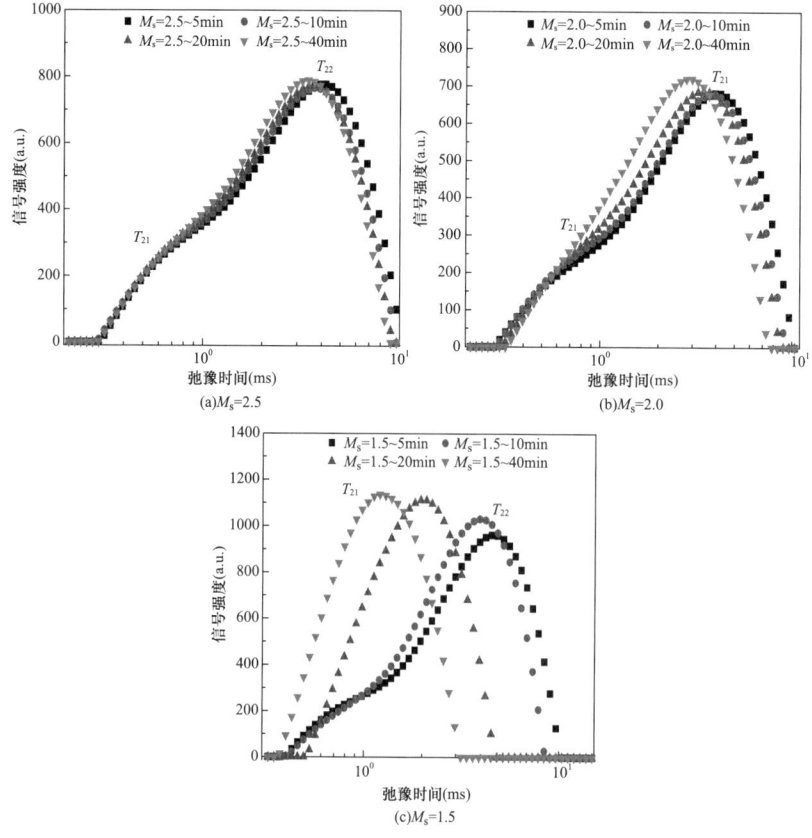

图 5-15　水玻璃-粉煤灰/矿粉体系的 T_2 弛豫图谱

存在一个特征峰，毛细孔水减小，凝胶孔间束缚力增强，自由水分子降低。当反应达到40min后，$M_s=1.5$水玻璃激发体系新拌浆体T_2弛豫曲线特征峰位于最左区域，凝胶孔水分子增多，水分子自由度降低，颗粒间作用力增加，流动度降低。

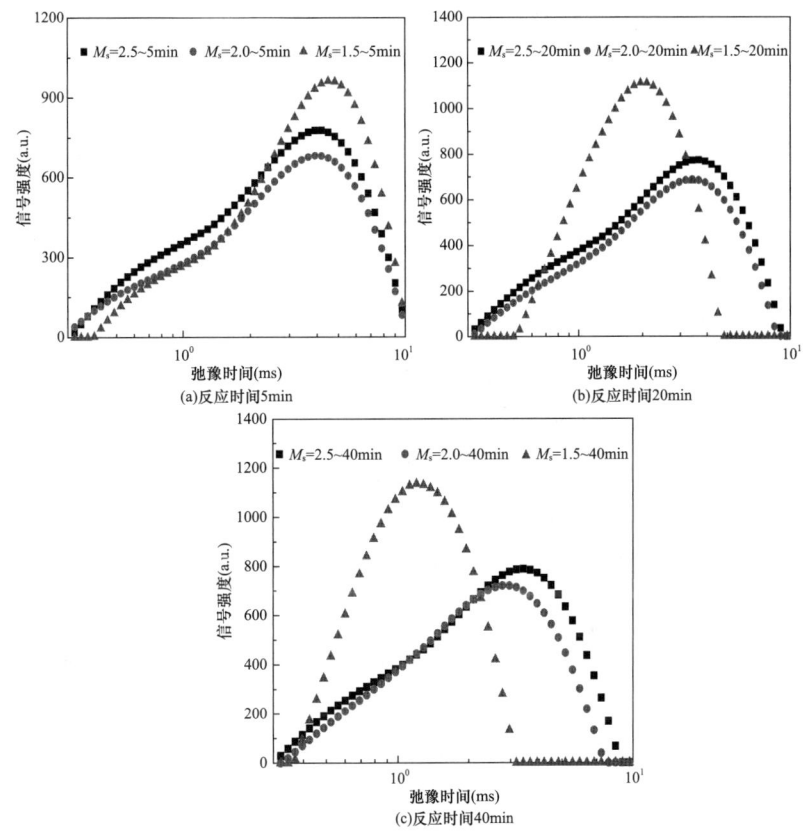

图5-16 不同M_s下新拌浆体水的演变历程

5.3 桥键作用力——聚合反应

新拌浆体中颗粒间以及与分散介质之间相互作用力可分为非接触力与接触力。作为一种固液悬浮多分散体系，颗粒间的电荷作用力以及颗粒与水间的水合作用是颗粒间以及颗粒与分散介质间的相互物理作用力的重要组成。然而，与普通固液悬浮分散体系不同，地质聚合物新拌浆体中颗粒不仅受到电荷作用力和水合作用等物理作用效果，同时也会受到聚合反应过程中化学反应的影响，导致颗粒间作用力的差异。因此，本节从激发剂的角度出发，从新拌浆体的聚合反应历程以及产物形貌与定量化等三个方面研究颗粒间的化学作用——桥键作用力。

国内外学者主要通过傅立叶红外技术、核磁共振技术以及拉曼紫外光谱技术等研究手段集中在地质聚合物材料硬化浆体的形成与结构转变，缺乏对于新拌浆体中颗粒表面的聚合反应历程研究。国内外学者对地质聚合物的反应历程进行了系统研究。然而，傅立叶红外、核磁共振以及拉曼紫外光谱等技术在测试过程中需对样品进行研磨以满足测试需求，这会造成颗粒表面物理性质的破坏，无法准确直观地反映颗粒表面的物理化学反应。为解决上述问题，本节通过原位衰减全反射傅立叶红外光谱技术介绍新拌浆体中颗粒表面的聚合反应历程。衰减全反射傅立叶红外光谱技术[37]可直接通过样品表面的反射信号获得样品表层的结构信息，具有以下优点。（1）非破坏性测试方法，可在样品完整的情况下进行测试，无须研磨制片；（2）测试样品尺寸要求低，样品大小和状态无特殊要求，可对新拌浆体进行直观的测试；（3）测试深度的提高，光谱可透过样品表面层，反映内部结构性质。故，衰减全反射傅立叶红外光谱技术可有效研究颗粒表面以及内部的结构性质。同时，地质聚合物的化学反应历程是一个快速、连续且复杂的过程，导致现有测试技术的困难。因此，基于衰减全反射傅立叶红外光谱技术的基础上通过原位测试的技术，可对地质聚合物新拌浆体颗粒间的化学反应历程进行深入研究。

地质聚合物新拌浆体中存在以下几个特征峰：$875cm^{-1}$、$1006cm^{-1}$、$1072cm^{-1}$、$1462cm^{-1}$、$1642cm^{-1}$、$2174cm^{-1}$以及$3461cm^{-1}$等特征峰。$875cm^{-1}$和$1406cm^{-1}$特征峰为CO_3^{2-}根的伸缩振动特征峰，与N(C)-(A)-S-H以及未反应的碱激发材料的碳化有关；$1642cm^{-1}$和$3461cm^{-1}$特征峰为水分子中的O-H拉伸与变形振动；$1642cm^{-1}$和$2174cm^{-1}$处存在一个很宽的弱特征峰，可认为颗粒表面羟基与水中的H形成H-OH键；$1006cm^{-1}$分别对应于地质聚合物反应中Si-O-T（Si、Al）键的对称伸缩以及不对称伸缩。同时，Si-O-Si拉伸振动带一般位于$1000\sim1300cm^{-1}$范围内，而Si-O弯曲振动带位于$800\sim975cm^{-1}$范围内。$1100cm^{-1}$的谱带被认为是硅与4个桥接氧单元结合的硅原子组成的四面体中Si-O伸展。$1050cm^{-1}$处的谱带被认为是四面体中的Si-O伸展，其特征在于硅与3个桥接氧单元和一个非桥氧（Si-NBO）结合[38-41]。此外，主要的Si-O-T伸缩带（T = Na或Al）的波长表明了硅酸盐网络中键的长度和角度的变化[42]。Si-O-T拉伸带向较低波数的移动表明Si-O-X键的延长、键角的减小，这种转变也可归因于与非桥氧原子（NBO）结合的硅部分的增加[43-44]。

由图5-17可知，随反应的进行，$1000\sim3000cm^{-1}$范围内的Si-O-Si

特征峰（1070cm^{-1}）峰面积逐渐降低至消失，表现蓝移现象，于990~1006cm^{-1}波长范围内产生新的特征峰；CO_3^{2-}根所对应的伸缩振动特征峰（875cm^{-1}和1406.80cm^{-1}）峰面积随反应时间的延长而增加；2174cm^{-1}特征峰随时间的延长而迅速消失，表明颗粒表面吸附的水分子消失可能转变为凝胶结构中水。1642cm^{-1}和3642cm^{-1}特征峰的峰面积与峰宽随反应时间的延长而降低，表明大量的水可能被消耗或蒸发，转变为凝胶结构中结合态水。

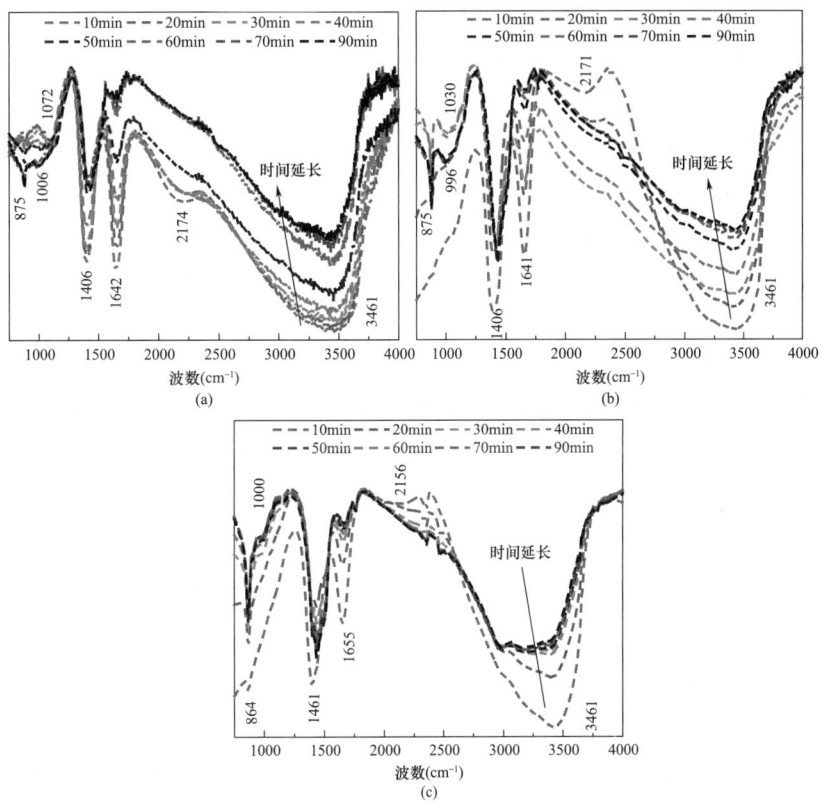

图5-17 氢氧化钠-粉煤灰/矿粉新拌浆体的原位衰减全反射傅立叶红外图谱

表5-1为不同氢氧化钠掺量条件下新拌浆体衰减全反射傅立叶红外光谱的特征峰分布情况。从图5-17（a）~图5-17（c）以及表5-1可知，随氢氧化钠掺量的增加新拌浆体的原红外光谱中特征峰波长变化规律如下。随氢氧化钠掺量的增加，Si-O-Si伸缩振动特征峰蓝移，分别移动至1072cm^{-1}、1030cm^{-1}以及1000cm^{-1}波长处；Si-O-X键峰面积随氢氧化钠掺量增加而增加，对应特征峰蓝移至1006cm^{-1}、996cm^{-1}以及990cm^{-1}处；高氢氧化钠体系2174cm^{-1}特征峰面积与峰宽的增加，表明浆体中颗粒与水的氢键作用增加，但结合化程度降低；CO_3^{2-}特征峰面积随掺量增加而增大，这与未反应的氢氧化钠溶液以及聚合产物增加有

关。大量未反应的氢氧化钠溶液易与空气中 CO_2 反应形成碳酸盐，增加新拌浆体的碳化程度，导致 CO_3^{2-} 根伸缩振动峰面积的增加。同时聚合反应形成的产物与空气中 CO_2 反应导致对应碳酸峰的增加；水分子的特征峰随氢氧化钠掺量的增加而峰宽增加，这与氢氧化钠激发体系新拌浆体水的存在形式结果一致。由上述结果可知，氢氧化钠激发体系新拌浆体早期的红外光谱曲线的变化主要集中在 $900\sim1000\mathrm{cm}^{-1}$ 特征峰范围内的 Si、Al 键的化学反应变化。

表 5-1 氢氧化钠-粉煤灰/矿粉新拌浆体的
In suit ATR-FTIR 图谱特征峰分布 (cm^{-1})

	Si-O-Si 特征峰	Si-O-T 特征峰	CO_3^{2-} 特征峰		O-H 特征峰		
NA-2#	1072	1006	875	1462	1642	2174	3461
NA-5#	1030	996	875	1461	1641	2171	3461
NA-8#	1000	990	864	1461	1655	2156	3461

地质聚合物以硅铝酸盐为原材料，利用化学激发剂的活化作用破坏其原材料内部 Si-O-Si 和 Al-O-Al 键的连接，形成大量的 Si-O-Al 以及 Si-O-Na 结构，为后期聚合反应提供源源不断的反应物质。故，Si-O-T 与 Si-NBO 是地质聚合物的基石[45]，反映了聚合反应演变历程中化学键的变化，其红外波数位于 $900\sim1100\mathrm{cm}^{-1}$ 特征峰。图 5-18 所示为不同氢氧化钠掺量下新拌浆体的 $900\sim1200\mathrm{cm}^{-1}$ 阶段内的原位衰减全反射傅立叶红外光谱图谱。从图 5-18 中可以看出，$850\sim1200\mathrm{cm}^{-1}$ 波数范围内存在三个明显的特征峰：$1100\mathrm{cm}^{-1}$ 左右特征峰、$1000\mathrm{cm}^{-1}$ 左右特征峰以及 $875\mathrm{cm}^{-1}$ 等特征峰，均低于粉煤灰地质聚合物所对应的波长分布范围[46]。这可能与矿粉的掺入有关，矿粉中大量无定形玻璃体结构会导致粉煤灰 Si-O-T (T = Na、Al 以及 Si 等元素) 键的蓝移，导致相应波长的降低，与 Zholobenko 等人[47]试验结果一致。

由图 5-18 可以看出，随着反应的进行，地质聚合物新拌浆体的 $1101\mathrm{cm}^{-1}$ 的 Si-O-Si 特征峰逐渐被 $1000\mathrm{cm}^{-1}$ 的 Si-O-T 特征峰取代。表明地质聚合物中 Si-O-Si 键四面体结构随反应的进行 Si-O-Si 键被破坏，形成 T-O 键，造成键振动峰的差异，呈现蓝移现象，趋向于低波长区域运动。随氢氧化钠掺量的增加，新拌浆体的红外光谱中 Si-O-T 特征峰波长逐渐降低，对应特征峰波数分别为 $1006\mathrm{cm}^{-1}$、$996\mathrm{cm}^{-1}$ 以及 $990\mathrm{cm}^{-1}$，这可能与铝硅酸盐凝胶的形成有关。在高碱性环境下，大量溶出的键能较低的铝酸根离子与硅酸根结合形成聚合体，降低了聚合体结构的键能，造成了其对应特征峰的偏移。如图 5-18（a）和图 5-18（b）可知，氢氧化钠掺量的增加有效地提高了新拌浆体中 Si-O-T 特征峰的峰强与面积，表明大量的凝胶结构形成。由图 5-18（b）与图 5-18（c）可知，中碱性新拌浆体红外光谱中 996cm^{-1} 特征峰（Si-O-T）在反应进行 30min 后峰面积明显增加，峰宽降低，表明新拌浆体反应 30min 后 997cm^{-1} 所对应的凝胶产物迅速生成且结构致密化程度增加。而高碱性新拌浆体红外光谱中 Si-O-T 特征峰偏移至 990cm^{-1}，表明特征峰显现时间延缓至 40min，其峰面积与峰宽并未随反应时间的延长而增加。这可能与高碱性环境的颗粒表面易附着反应产物阻碍反应的进一步进行。由图 5-18（a）～图 5-18（c）可知，863cm^{-1} 特征峰面积的增加，表明新拌浆体中反应产物受到的碳酸化作用增强。由图 5-18 可知，随着反应的进行，新拌浆体的红外光谱曲线在 1050cm^{-1} 波长处出现了新的特征峰。根据相关研究表明[48-49]，此特征峰为 Si-O-Na（非桥键氧，No Bridge Oxygen，NBO）所对应的特征峰。NBO 作为聚合反应链的末端基团，影响着无定形凝胶颗粒尺寸大小。由此可推测，低碱性环境下，新拌浆体中形成了尺寸较大的少量无定形凝胶，导致颗粒间少量絮凝结构的形成；随激发剂掺量的增加，新拌浆体中生成大量的粒径较小的无定形凝胶包裹在颗粒表面，形成团簇结构。

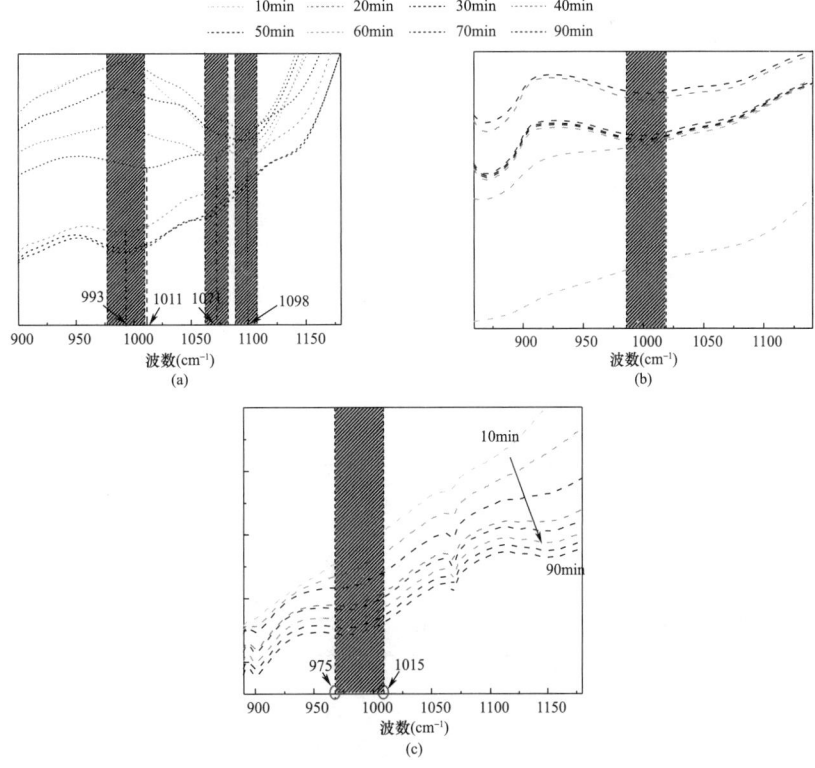

图 5-18　氢氧化钠掺量对新拌浆体 850～1200cm^{-1} 波峰影响

由图 5-19 和表 5-2 可知与氢氧化钠激发体系相似，水玻璃激发体系新拌浆体早期的聚合反应历程主要集中在 900～1200cm^{-1} 特征峰范围内的 Si、Al 键的化学反应变化。由图 5-18 可以看出，随着反应的进行，地质聚合物新拌浆体以 900～1200cm^{-1} 波长范围内的 Si-O-T（T = Na、Al 以及 Si 等元素）特征峰为主。表明随反应的进行，地质聚合物中 Si-O-Si 键四面体结构被破坏而形成 T-O 键。水玻璃模数的降低有效地提高了新拌浆体中 Si-O-T 特征峰的峰强与面积。与 M_s = 2.5 相比，M_s = 2.0 与 M_s = 1.5 新拌浆体中的傅立叶红外光谱中 1070cm^{-1} 特征峰波长、峰面积以及峰宽变化明显。由图 5-20 可知，水玻璃激发剂体系中 Si-O-T 特征峰并未有 Si-O-Si、Si-O-Na 以及 Si-O-Al 所对应的明显特征峰分布，造成了研究的困难。

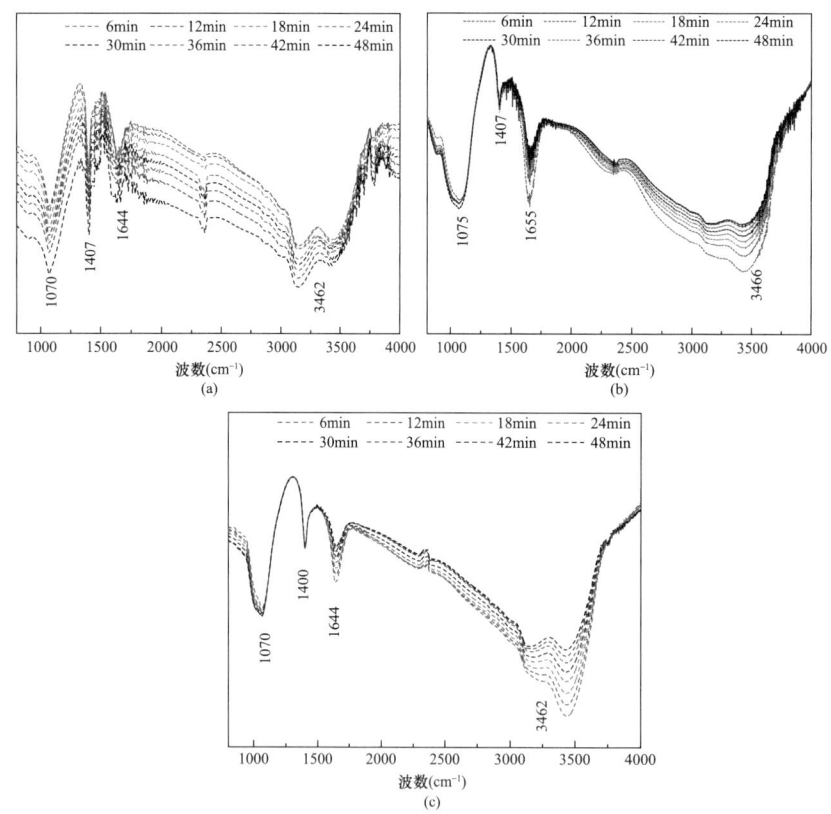

图 5-19　水玻璃-粉煤灰/矿粉新拌浆体的原位衰减全反射傅立叶红外图谱

表 5-2　水玻璃-粉煤灰/矿粉新拌浆体的 In suit ATR-FTIR 图谱特征峰分布（cm^{-1}）

M_s	Si-O-Si（Al）伸缩振动	CO_3^{2-} 伸缩振动	O-H 伸缩振动
2.5	1070	1407	3462
2.0	1075	1407	3466
1.5	1070	1400	3462

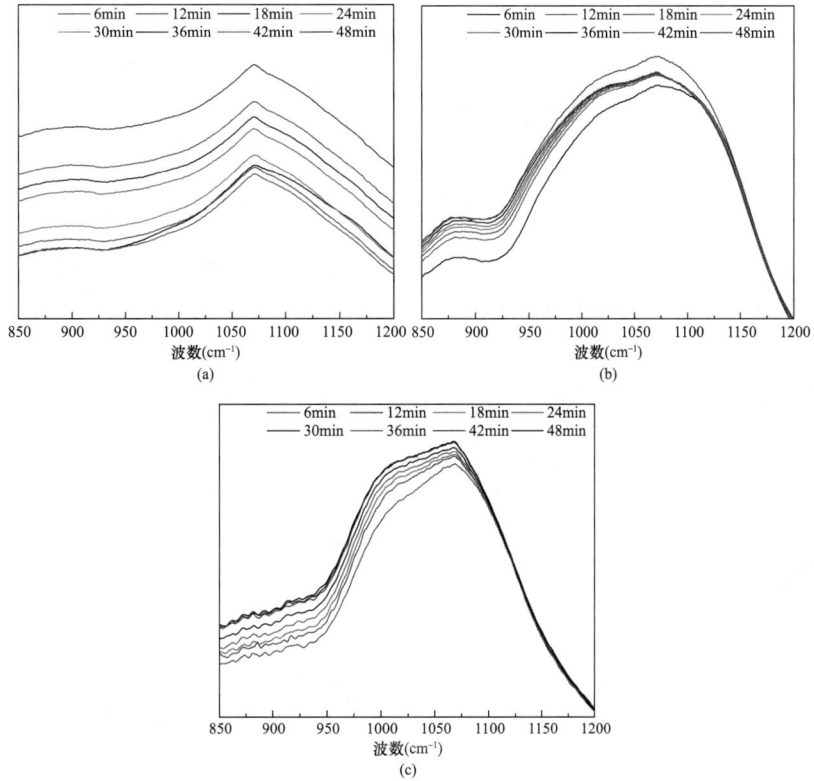

图 5-20 水玻璃模数对新拌浆体 850~1200cm^{-1} 波峰影响

5.4 聚合反应产物

针对 5.3 节中水玻璃激发体系红外光谱的 Si-O-Si、Si-O-Na 以及 Si-O-Al 等特征峰分布不明显的问题，可采用选择性溶解法，介绍氢氧化钠和水玻璃激发体系下新拌浆体中无定形凝胶组成与发展。同时，作为地质聚合物早期反应的主要产物，无定形凝胶影响其新拌浆体早期性能。国内外学者研究发现，活性悬浮液分散体系中早期反应产物可在颗粒间表面形成桥键，形成网络状结构。

5.4.1 聚合产物形貌分析——SEM-EDS

从图 5-21 可以看出，反应初期（5min）时，颗粒表面附着有少量的反应产物。随着反应的进行，新拌浆体中颗粒逐渐被附着的聚合产物所包裹。同时氢氧化钠掺量的差异影响着其表面聚合产物的物理化学性质。当反应进行到 90min 时，与低碱性激发环境（NA-2#）相比，中高碱性环境（NA-5#与 NA-8#）的新拌浆体颗粒表面聚合凝胶产物明显增

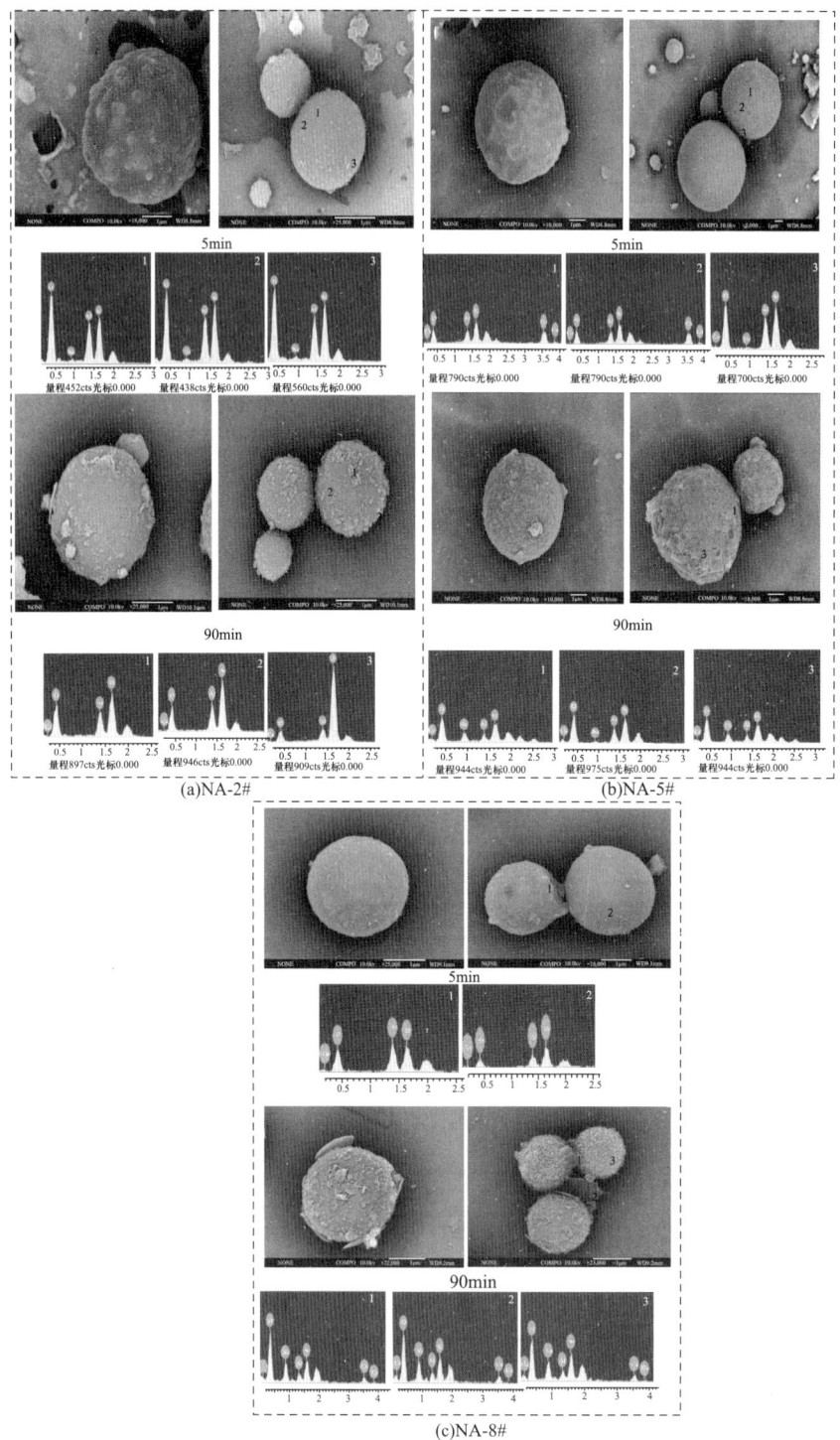

图 5-21 不同氢氧化钠掺量下新拌浆体聚合产物形貌特征

多,其形貌由单一颗粒状变为层状/针状。当氢氧化钠掺量高于 NA-5# 时,新拌浆体颗粒表面的凝胶颗粒降低,其形貌由层状凝胶结构变为针状的形貌特征作为凝胶结构中链端基团之一，凝胶结构中 NBO 键的增加会导致形成大量短链结构的聚合反应产物。结合相关研究[51-53]可知，与低钙和高钙体系相比，C-A-S-H 凝胶、(C,(N,K))-A-S-H 凝胶以及(N,K)-A-S-H 凝聚共存是粉煤灰/矿粉组成中钙体系产物的主要结构组成。由表 5-3 可以看出，低氢氧化钠掺量条件下，新拌浆体反应初期产物以 N-A-S-H 无定形凝胶为主，随着反应的进行，凝胶中 Ca 元素逐渐增加，转变为 C-A-S-H 凝胶相。随着反应的进行，新拌浆体凝胶中硅元素不断富集，转变为硅凝胶相。随着氢氧化钠掺量的增加，新拌浆体中聚合反应产物应为 C-A-S-H 凝胶、[C,(N,K)]-A-S-H 凝胶以及(N,K)-A-S-H 等凝胶相组成的复杂结构。

表 5-3 图 5-21 中所选区域的能谱分析结果（质量分数,%）

			O	Na	Ca	Al	Si
NA-2#	5min	1	69.59	0.90	—	11.67	17.84
		2	67.09	1.01		12.44	19.45
		3	65.55	0.97		12.59	20.88
	90min	1	60.58	—	1.98	11.57	25.87
		2	52.45		1.91	12.48	33.16
		3	55.33		1.62	11.05	18.00
NA-5#	5min	1	65.45	0.57	0.44	11.79	21.74
		2	66.47	0.43	1.01	11.311	20.78
	90min	1	65.97	0.29	0.67	12.27	20.8
		2	69.53	4.43	5.98	7.12	12.94
		3	67.46	5.24	4.19	6.94	16.17
NA-8#	5min	1	50.95	6.07	2.07	13.32	25.67
		2	60.69	5.52	2.82	14.90	16.09
	90min	1	47.29	4.00	5.84	2.37	40.50
		2	40.11	5.35	6.30	3.30	44.94
		3	40.16	6.00	6.42	2.86	44.56

水玻璃模数的改变影响着其表面聚合产物的物理化学性质。由图 5-22 中（a）~图 5-22（c）可知，反应进行到 40min 时，随着 M_s 的降低，新拌浆体中颗粒表面附着的凝胶颗粒明显增多，表面粗糙度增加。这与 NMR 结果有关：随着 M_s 的降低，水玻璃中活性结构 Q^0 显著增加，新拌浆体中硅铝酸根聚合反应速率加快，故形成的凝胶结构附着在颗粒表面。同时结合表 5-4 可知，氢氧化钠激发体系新拌浆体的凝胶产物是一个复杂的由 Ca、Na、Si、Al 以及 O 组成的复杂产物。同时，由表 5-4 可知，水玻璃激发新拌浆体中仍存在富 Al 凝胶到富 Si 凝胶相的转变过程。

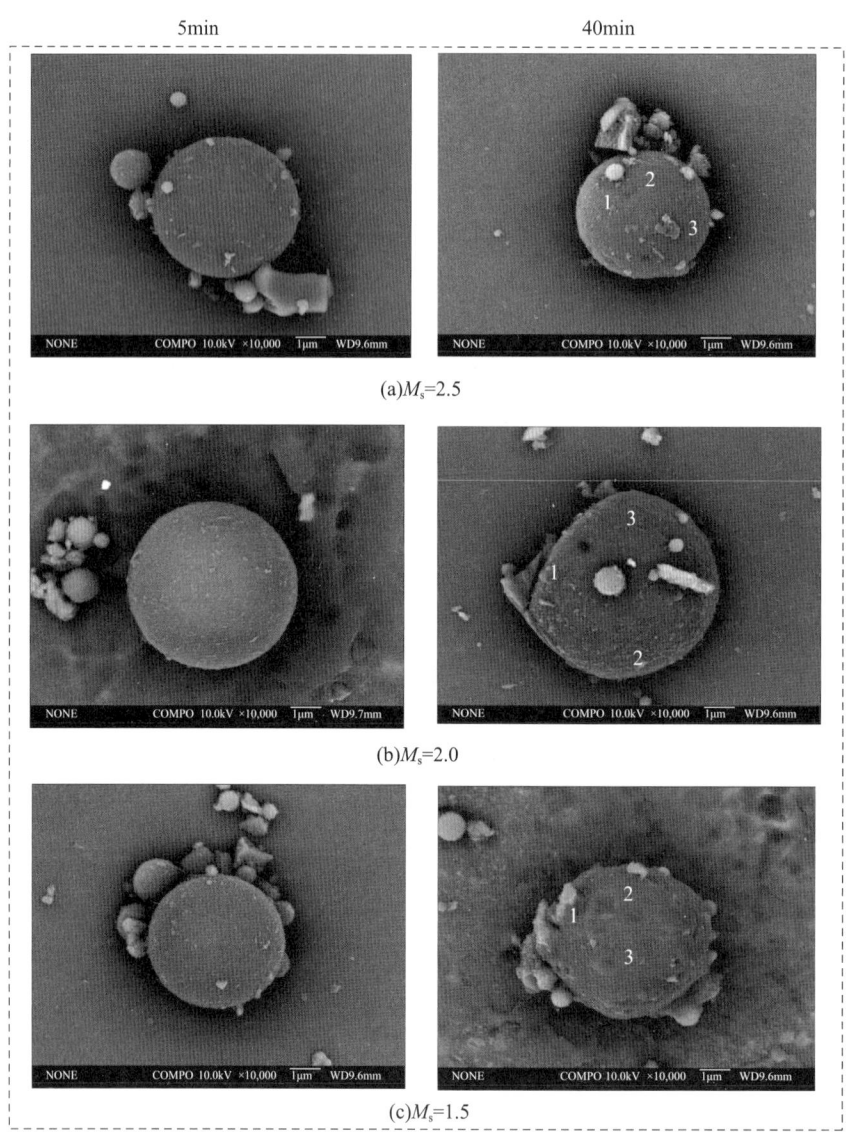

图 5-22 不同水玻璃模数下新拌浆体聚合产物形貌特征

表 5-4 图 5-20 中所选区域的能谱分析结果（质量分数,%）

			O	Na	Ca	Al	Si
$M_s = 2.5$	5min	1	68.05	5.82	3.61	8.11	14.41
		2	67.78	5.10	3.70	7.21	16.21
		3	67.08	4.91	3.55	7.52	16.94
	40min	1	56.05	4.82	5.61	5.11	26.01
		2	57.78	5.10	5.72	4.21	26.31
		3	57.08	4.91	5.75	4.02	26.94

续表

			O	Na	Ca	Al	Si
$M_s=2.0$	5min	1	68.13	8.14	5.13	4.25	14.35
		2	68.59	10.33	5.37	3.89	11.82
		3	68.92	7.91	3.11	7.22	12.84
	40min	1	53.05	7.12	8.91	3.11	25.41
		2	55.78	7.41	9.01	2.01	27.71
		3	52.08	7.51	8.75	2.03	28.34
$M_s=1.5$	5min	1	69.37	9.89	1.87	9.23	11.63
		2	69.32	8.43	2.20	7.99	12.07
		3	65.11	10.77	3.31	6.09	10.73
	40min	1	56.37	8.19	5.17	6.23	24.63
		2	56.32	7.73	5.5	5.99	25.07
		3	51.11	7.07	7.61	4.09	23.73

5.4.2 聚合产物量化分析——选择性溶解法

与低钙和高钙体系相比，C-A-S-H 凝胶、[C,(N,K)]-A-S-H凝胶以及(N,K)-A-S-H 凝胶共存是粉煤灰/矿粉组成中钙体系产物的主要结构组成。复杂的共存结构为其硬化浆体优异的力学性能与耐久性能提供强力支撑，但阻碍着其微观结构与凝胶定量化研究的进展。针对凝胶共存的问题，国内外学者通过不同的研究手段进行初步的探索：采用 SEM-EDS 以及 XRD 技术发现中钙体系 C-A-S-H 与(N,K)-A-S-H 凝胶微结构复合体系。基于同步加速 XRD 与平均元素分析结果，学者发现粉煤灰/偏高岭土体系中含有的 C-A-S-H 凝胶结构，并未在 SEM-EDS 中发现[53]。这可能与 EDS 的测量范围有关，若 C-A-S-H 凝胶结构远低于 EDS 的测量范围，则无法测得。鉴于上述缺陷，傅立叶红外光谱分析已被广泛应用于表征地质聚合物凝胶组成，并监控碱激发材料的反应历程。然而，反应初期的原材料、聚合反应产物、未反应的原材料以及水合硅铝酸钙的 Si-O-T 振动伸缩峰发生重叠[54]，造成了试验结果的可信度降低。XRD 分析中也存在上述问题。针对上述仪器所存在的问题，广大学者采用水泥中和熟料检测过程中的选择性溶解法，去除其他因素，消除了仪器分析中的重叠模糊现象，更准确地对产物进行表征。因此，本书通过选择性溶解化学实验法对粉煤灰/矿粉复合体系的共存凝胶结构进行描述。

水杨酸-甲醇选择性溶解法（Salicylic acid/method，SAM）最初由 Luke[55] 提出用于水泥和熟料中硅酸钙溶解。这种方法后来更广泛地应用于其他材料，如水泥渣，水泥-粉煤灰混合物，碱激活炉渣系统以及合成凝胶中，以确定反应程度和反应产物的性质[56-57]。SAM溶解了硅酸钙水合物，但不应溶解未反应的粉煤灰、矿渣或地质聚合物[58]。盐酸选择性溶解法（1:20 HCl）可对碱激活粉煤灰（硅铝酸盐凝胶和沸石）的主要反应产物进行溶解，残留未反应的成分。然而，酸萃取也会破坏硅酸钙水化产物的结构，溶出Ca^{2+}离子。因此，受Puligilla等人[49]的试验启发，选取了SAM与HCl复合酸溶法对粉煤灰/矿粉基地质聚合物新拌浆体早期凝胶产物进行选择性溶解，定量化研究其形成产物过程的变化，试验结果如图5-23所示。

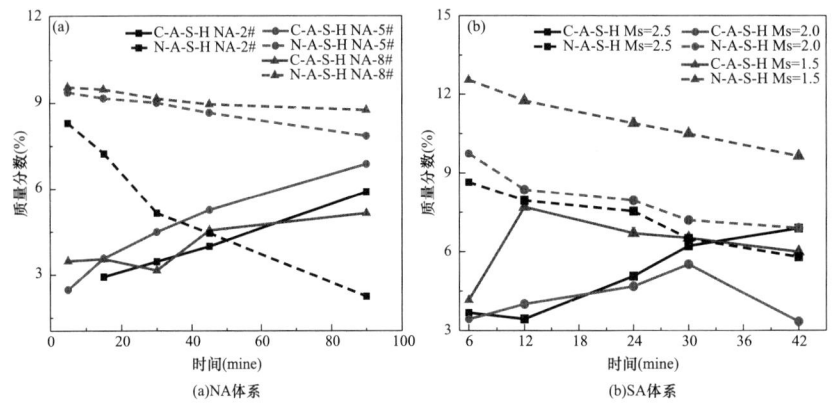

图5-23 新拌浆体中C-A-S-H与N-A-S-H凝胶随时间的变化

由图5-23可知，C-A-S-H和N-A-S-H凝胶共存于新拌浆体中。随着反应的进行，C-A-S-H凝胶逐渐增加，而N-A-S-H凝胶随之降低，这与表5-3和表5-4中凝胶结构中钙钠元素随时间的变化规律相符。由图5-23（a）可知，氢氧化钠掺量的增加有利于早期C-A-S-H凝胶的产生。这与高掺量环境下铝酸根和钙离子的溶出有关。反应初期，高氢氧化钠掺量的环境下，大量的活性硅铝酸盐溶出，易形成大量的凝胶产物。然而，随着反应的延续，NA-2#和NA-5#随时间的延长而增加，NA-8#中C-A-S-H凝胶产生缓慢。这与NBO键的形成（图5-11）以及颗粒表面附着的凝胶有关，一方面反应初期颗粒表面附着的凝胶产物阻碍反应的进行；另一方面，氢氧化钠的高掺量易形成NBO键，导致了N-A-S-H的形成。因此，NA-8#新拌浆体中反应初期形成了大量的C-A-S-H，NA-5#次之，NA-2#新拌浆体最少。

由图5-23（b）可知，水玻璃模数的降低有利于早期C-A-S-H凝胶的产生。这与水玻璃模数的活性硅酸根有关，反应初期，低模数的水玻璃中含有大量的高活性聚硅酸基团，形成大量的凝胶产物。然而，随反应的延续，C-A-S-H凝胶的形成速率随水玻璃模数降低。这与NBO键的形成以及颗粒表面附着的凝胶有关，一方面反应初期颗粒表面附着的凝胶产物阻碍反应的进行；另一方面高氢氧化钠的掺量易形成NBO键，为N-A-S-H凝胶的形成提供了条件。因此，$M_s = 1.5$新拌浆体中反应初期形成了大量的C-A-S-H，$M_s = 2.0$次之，$M_s = 2.5$新拌浆体最少。

综上所述，高NaOH环境下的新拌浆体中大量的活性硅铝酸溶出，导致了溶液中硅酸根和铝酸根浓度增加，｜ζ｜电位由2.92mV增加到7.28mV，颗粒间的静电斥力增加，释放团簇结构中包裹的水，故其T_2弛豫时间特征峰中自由水含量明显增多。随着反应时间的延长凝胶特征峰面积显著增加，峰宽降低，形成大量的无定形凝胶产物。随着氢氧化钠掺量的增加，一方面反应初期的铝酸根溶出速率加快以及Na^+取代Si^{4+}，导致静电斥力增大，另一方面硅铝酸的溶出促进了颗粒表面形成（C-A-S-H以及N-A-S-H）无定形凝胶，导致颗粒间黏结作用增加，两者共同作用决定了NA-8#新拌浆体颗粒的表面作用力。水玻璃激发体系与氢氧化钠激发体系相似，水玻璃激发体系中M_s的降低一方面有利于硅铝酸根的溶出；另一方面，线性与支链的聚合硅酸根基团更易吸附在固体颗粒表面，从而提高表面所带电荷，增加Zeta电位，导致颗粒间或颗粒与水的水合作用力降低，其T_2特征峰右移，水的自由度增加。随着反应时间的延长，低水玻璃模数的高活性Q^0配位聚合硅酸根，与溶液中Na^+以及铝酸根离子形成富Al、Na相的凝胶（凝胶SEM-EDS图谱中可见）增加了颗粒间的桥键作用。同时，T_2特征峰位置明显左移，水的自由度降低，逐渐转变为凝胶孔中的水。

5.5　总结

当前，通过萃取的方式对新拌浆体颗粒的聚合反应进行终止，采用SEM-EDS以及选择性酸溶解可对聚合产物的形貌、组成以及生成量进行初步的研究。然而，如何无扰动且连续地对聚合反应产物进行直观观测与表征仍需不断完善。

参考文献

[1] ROUSSEL N, LEMAÎTRE A, FLATT R J, et al. Steady state flow of cement suspensions: A micromechanical state of the art [J]. Cement and Concrete Research, 2010, 40 (1): 77-84.

[2] FLATT R J. Towards a Prediction of Superplasticized Concrete Rheology [J]. Materials and Structures, 2004, 37 (5): 289-300.

[3] COUSSOT P, ANCEY C. Rheophysical classification of concentrated suspensions and granular pastes [J]. Physical Review E Statistical Physics Plasmas Fluids & Related Interdisciplinary Topics, 1999, 59 (59): 4445-4457.

[4] MANNE S, CLEVELAND J P, GAUB H E, et al. Direct Visualization of Surfactant Hemimicelles by Force Microscopy of the Electrical Double Layer [J]. Langmuir, 1994, 10 (12): 4409-4413.

[5] NEWLANDS K C, FOSS M, MATCHEI T, et al. Early stage dissolution characteristics of aluminosilicate glasses with blast furnace slag-and fly-ash-like compositions [J]. Journal of the American Ceramic Society, 2017 (100): 100-107.

[6] HAJIMOHAMMADI A, VAN DEVENTER J S J. Dissolution behaviour of source materials for synthesis of geopolymer binders: A kinetic approach [J]. International Journal of Mineral Processing, 2016 (153): 80-86.

[7] ZERFU K, EKAPUTRI J J. Review on Alkali-Activated Fly Ash Based Geopolymer Concrete [J]. Materials Science Forum, 2016, 841: 162-169.

[8] 邹国栋, 叶亚平, 钱维兰, 等. 低温碱溶粉煤灰中硅和铝的溶出规律研究 [J]. 环境科学研究, 2006 (1): 53-56.

[9] HUA X, VAN DEVENTER J S J. The geopolymerisation of alumino-silicate minerals [J]. International Journal of Mineral Processing, 2000, 59 (3): 247-266.

[10] BLACK L, STUMM A, GARBEV K, et al. X-ray photoelectron spectroscopy of the cement clinker phases tricalcium silicate and β-dicalcium silicate [J]. Cement & Concrete Research, 2003, 33 (10): 1561-1565.

[11] KANUCHOVA M, KOZAKOVA L, DRABOVA M, et al. Monitoring and characterization of creation of geopolymers prepared from fly ash and metakaolin by X-ray photoelectron spectroscopy method [J]. Environmental Progress & Sustainable Energy, 2015, 34 (3): 841-849.

[12] YE N, CHEN Y, YANG J, et al. Transformations of Na, Al, Si and Fe species in red mud during synthesis of one-part geopolymers [J]. Cement & Concrete Research, 2017, 101: 123-130.

[13] SIMONSEN M E, SøNDERBY C, LI Z, et al. XPS and FT-IR investigation of silicate polymers [J]. Journal of Materials Science, 2009, 44 (8): 2079-2088.

[14] WANG H, LI H, YAN F. Synthesis and mechanical properties of metakaolinite-based geopolymer [J]. Colloids & Surfaces A Physicochemical & Engineering Aspects, 2005, 268 (1): 1-6.

[15] TCHAKOUTE H K, KONG S, et al. A comparative study of two methods to produce geopolymer composites from volcanic scoria and the role of structural water contained in the volcanic scoria on its reactivity [J]. Ceramics International, 2015, 41 (10): 12568-12577.

[16] ALMEIDA R M, GUITON T A, PANTANO C G. Characterization of silica gels by infrared reflection spectroscopy [J]. Journal of Non-Crystalline Solids, 1990, 121

（1）：193-197.

[17] BURNS A, BRACK H P, JR W M R. Dielectric and infrared reflectance studies of inorganic oxide glasses [J]. Journal of Non-Crystalline Solids, 1991, 131-133 (6): 994-1000.

[18] HUSUNG R D, DOREMUS R H. The infrared transmission spectra of four silicate glasses before and after exposure to water [J]. Journal of Materials Research, 1990, 5 (10): 2209-2217.

[19] OSSWALD J, FEHR K T. FTIR spectroscopic study on liquid silica solutions and nanoscale particle size determination [J]. Journal of Materials Science, 2006, 41 (5): 1335-1339.

[20] MACDONALD S A, SCHARDT C R, MASIELLO D J, et al. Dispersion analysis of FTIR reflection measurements in silicate glasses [J]. Journal of Non-Crystalline Solids, 2000, 275 (1): 72-82.

[21] GERVAIS F, BLIN A, MASSIOT D, et al. Infrared reflectivity spectroscopy of silicate glasses [J]. Journal of Non-Crystalline Solids, 1987, 89 (3): 384-401.

[22] LODEIRO I G, MACPHEE D E, PALOMO A, et al. Effect of alkalis on fresh C-S-H gels. FTIR analysis [J]. Cement & Concrete Research, 2009, 39 (3): 147-153.

[23] WIJNEN P W J G, BEELEN T P M, RUMMENS K P J, et al. Silica gel from water glass: a SAXS study of the formation and ageing of fractal aggregates [J]. Journal of Applied Crystallography, 1991, 24 (5): 6.

[24] LIZCANO M, GONZALEZ A, BASU S, et al. Effects of Water Content and Chemical Composition on Structural Properties of Alkaline Activated Metakaolin-Based Geopolymers [J]. Journal of the American Ceramic Society, 2012, 95 (7): 2169-2177.

[25] 俎栋林. 核磁共振成像学 [M]. 北京: 高等教育出版社, 2004.

[26] 黄子信, 吴美丹, 周光宏低场核磁共振测定鲜猪肉中水分分布的制样方法 [J]. 食品安全质量检测学报, 2017 (6): 70-75.

[27] LUCAS T, CAMBERT M, DIASCORN Y, et al. Water, ice and sucrose behavior in frozen sucrose-protein solutions as studied by 1H NMR [J]. Food Chemistry, 2002, 84 (1): 77-89.

[28] LUCAS T, CAMBERT M, DIASCORN Y, et al. Non-invasive NMR investigation of the evaporation-condensation-diffusion mechanism in unyeasted bread dough during heating [J]. 2024, 273: 111969.

[29] 阮榕生. 核磁共振技术在食品和生物体系中的应用 [M]. 北京: 中国轻工业出版社, 2009.

[30] HULLBERG A, BERTRAM H C. Relationships between sensory perception and water distribution determined by low-field NMR T2 relaxation in processed pork--impact of tumbling and RN-allele. [J]. Meat Science, 2005, 69 (4): 709-720.

[31] BERMAN P, LESHEM A, ETZIONY O, et al. Novel H low field nuclear magnetic resonance applications for the field of biodiesel [J]. Biotechnology for Biofuels, 2013, 6 (1): 55-60.

[32] 姚武, 佘安明, 杨培强. 水泥浆体中可蒸发水的 ^{1}H 核磁共振弛豫特征及状态演变 [J]. 硅酸盐学报, 2009, 37 (10): 1602-1606.

[33] JEHNG J Y. Microstructure of Wet Cement Pastes: a Nuclear Magnetic Resonance Study [J]. Thesis Northwestern University, 1994.

[34] MCDONALD P J, KORB J P, MITCHELL J, et al. Surface relaxation and chemical exchange in hydrating cement pastes: a two-dimensional NMR relaxation study [J]. Physical Review E Statistical Nonlinear & Soft Matter Physics, 2005, 72 (1): 011409.

[35] 艾凯明. 基于核磁共振的矿山充填料浆水分和孔隙演变研究 [D]. 中南大学, 2014.

[36] 郭晓潞, 施惠生, 夏明. 早期地聚合反应过程的 ^{1}H 低场核磁共振 [J]. 硅酸盐学报, 2015 (2): 138-143.

[37] PEAK D, FORD R G, SPARKS D L. An in Situ ATR-FTIR Investigation of Sulfate Bonding Mechanisms on Goethite. [J]. Journal of Colloid & Interface Science, 1999, 218 (1): 289-295.

[38] KARLSSON C, ZANGHELLINI E, SWENSON J, et al. Structure of mixed alkali/alkaline-earth silicate glasses from neutron diffraction and vibrational spectroscopy [J]. Physical Review B, 2005, 72 (6): 064206.

[39] ZHANG Y S, SUN W, LI Z J. Infrared spectroscopy study of structural nature of geopolymeric products [J]. Journal of Wuhan University of Technology, 2008, 23: 522-527.

[40] INNOCENZI P. Infrared spectroscopy of sol-gel derived silica-based films: a spectra-microstructure overview [J]. Journal of Non-Crystalline Solids, 2003, 316 (2-3): 0-319.

[41] MOZGAWA W, SITARZ M. Vibrational spectra of aluminosilicate ring structures [J]. Journal of Molecular Structure, 2002, 614 (1): 273-279.

[42] FERNÁNDEZ-JIMÉNEZ A, PALOMO A. Mid-infrared spectroscopic studies of alkali-activated fly ash structure [J]. Microporous & Mesoporous Materials, 2005, 86 (1): 207-214.

[43] ALKAN M, DIDEM H, ZÜRRIYE Y, et al. The effect of alkali concentration and solid/liquid ratio on the hydrothermal synthesis of zeolite NaA from natural kaolinite [J]. Microporous & Mesoporous Materials, 2005, 86 (1-3): 176-184.

[44] KLJAJEVI L M, NENADOVI S S, NENADOVI M T, et al. Structural and chemical properties of thermally treated geopolymer samples [J]. Ceramics International, 2017, 43 (9): 6700-6708.

[45] PULIGILLA S, MONDAL P. Co-existence of aluminosilicate and calcium silicate gel characterized through selective dissolution and FTIR spectral subtraction [J]. Cement

& Concrete Research, 2015, 70: 39-49.

[46] TCHAKOUTÉ H K, RÜSCHER C H, KONG S, et al. Synthesis of sodium waterglass from white rice husk ash as an activator to produce metakaolin-based geopolymer cements [J]. Journal of Building Engineering, 2016, 6: 252-261.

[47] ZHOLOBENKO V L, HOLMES S M, CUNDY C S, et al. Synthesis of MCM-41 materials: an in situ FTIR study [J]. Microporous Materials, 1997, 11 (1-2): 83-86.

[48] YIP C K, DEVENTER J S J V. Microanalysis of calcium silicate hydrate gel formed within a geopolymeric binder [J]. Journal of Materials Science, 2003, 38 (18): 3851-3860.

[49] PULIGILLA S, MONDAL P. Role of Slag in Microstructural Development and Hardening of Fly Ash-Slag Geopolymer [J]. Cement and Concrete Research, 2013, 43 (1): 70-80.

[50] LLOYD R R, PROVIS J L, DEVENTER J S J V. Microscopy and microanalysis of inorganic polymer cements. 2: the gel binder [J]. Journal of Materials Science, 2009, 44 (2): 620-631.

[51] OH J E, MOON J, OH S G, et al. Microstructural and compositional change of NaOH-activated high calcium fly ash by incorporating Na-aluminate and co-existence of geopolymeric gel and C-S-H (I) [J]. Cement and Concrete Research, 2012, 42 (5): 673-685.

[52] FERNÁNDEZ-JIMÉNEZ A, GARCIA-LODEIROI, PALOMO A. Mechanical-Chemical Activation of Coal Fly Ashes: An Effective Way for Recycling and Make Cementitious Materials [J]. 2019, 6: 1-12.

[53] STUTZMAN P. Developing an ASTM Standard Test for Quantitative X-ray Powder Diffraction Analysis of Portland Cements and Clinker [J]. Powder Diffraction, 2003, 18 (2): 180-180.

[54] PALOMO A, FERNÁNDEZ-JIMÉNEZ A, KOVALCHUK G, et al. Opc-fly ash cementitious systems: study of gel binders produced during alkaline hydration [J]. Journal of Materials Science, 2007, 42 (9): 2958-2966.

[55] LUKE K. Selective Dissolution of Hydrated Blast Furnace Slag Cements [J]. Cement & Concrete Research, 1987, 17 (2): 273-282.

[56] KOCABA V, GALLUCCI E, SCRIVENER K L. Methods for determination of degree of reaction of slag in blended cement pastes [J]. Cement and Concrete Research, 2012, 42 (3): 511-525.

[57] LODEIRO I G, MACPHEE D E, PALOMO A, et al. Effect of alkalis on fresh C-S-H gels. FTIR analysis [J]. Cement & Concrete Research, 2009, 39 (3): 147-153.

[58] KRIVEN W M, GYEKENYESI A L, WANG J, et al. Effect of External and Internal Calcium in Fly Ash on Geopolymer Formation [M] // Developments in Strategic Materials and Computational Design II: Ceramic Engineering and Science Proceedings, 2011.